米中戦争
そのとき日本は

渡部悦和

講談社現代新書

2400

はじめに

陸上自衛官として、私は36年間、国防を中心に安全保障に携わってきた。東部方面総監を最後に2013年に退職し、現在ハーバード大学アジアセンターでシニアフェローとして日米中安全保障関係を研究している。

その経験を通して「危機管理の本質は、常に最悪の事態を想定し、万全の備えをしておくことである」という考えを持っている。「米中戦争」についても同様である。想定される最悪の事態に対し、万全の備えをして、結果的に米中戦争が生起しなければ御の字だろう。

アメリカ・中国という両大国による戦争は、必然的に我が国にも大きな影響を及ぼす。日本有事の引き金になる可能性もある。だから、安全保障に携わってきた者として、「米中戦争など絶対に起こるはずがない」と思考停止するわけにはいかない。

もちろん米中戦争という最悪の事態は生起しない方がいいし、回避するための不断の努力はしなければならない。しかし、防止する努力にもかかわらず米中戦争が起こったらどうするのか、という質問には答えなければならない。

習近平主席が公言する野望

　中国は、富国強軍[1]をスローガンとして世界第2位の経済大国となり、その国防費は過去26年間で約40倍、過去10年間で約4倍の約16兆円にまで急増し、軍事的にも米国に次ぐ世界第2位ないし第3位の軍事大国となっている。

　習近平主席の夢は、２０１３年に中国の国家主席に就任した際に掲げた「偉大なる中華民族の復活」であり、「米国と対等かそれ以上の覇権国家になること」だ。

　彼の言動がまさに彼の夢を物語っている。たとえば２０１３年6月、習近平主席はオバマ大統領との会談の中で、米中の「新たな大国関係」を提案した。中国にとっての「新たな大国関係」とは、両国が対等の立場であることを前提とし、各々の国益を認めること、とくに中国にとっての核心的利益を認めること——だ。より具体的には、チベット、新疆《しんきょう》ウイグル両自治区、台湾といった中国の〝国内問題〟や、東シナ海・南シナ海の領土問題に対して米国は関与しないように要求しているのである。

　さらに、この時は「広大な太平洋は二つの大国にとって十分な空間がある」と発言し、太平洋を米中で二分することも提案した。この発言の真意は、中国がアジアから米国を追い出し、アジアの覇権を握ることにある。習近平主席は、大陸国家であると同時に強力な海洋国家としての中国を目指している。そのための前哨戦が尖閣諸島問題であり、南シナ海における領有権の主張や人工島の建設なのだ。

オバマ大統領は、過去に何度も「中国の平和的な台頭を期待する」と発言し、中国に対して寛容な対応をとる傾向にあったが、周知のとおり、中国の台頭は平和的どころか強圧的で攻撃的な台頭となりつつある。オバマ大統領は、米国の軍事力の抑制的使用を常に心がけており、歴代大統領の中でも例外的な存在だ。次の米国大統領に誰が就任するにせよ、より積極的な軍事力の使用を考えることになるだろう。

ライバルを必ず潰してきた米国

米国の外交アナリストであるマイケル・リンド（Michael Lind）の著書『米国流の戦略』（The American Way of Strategy）は、アメリカの覇権戦略についての本音を語り、大きな反響を呼んだが、本書には次のような一節がある。

「米国の政治家はリベラルな国際主義を世界秩序の基本とし、19世紀に大国として台頭して以降、二つの目標を堅持してきた。すなわち、北米における米国の覇権の維持、そし

1　2013年版の中国「国防白書」

て、欧州・アジア及び中東における敵対的な大国の覇権の予防である。実際、二度の世界大戦では北米以外の地域での覇権国の強大化を防いできた。

ただし、ソ連崩壊以降、1990〜2000年代の歴代米国指導者は、冷戦時代に構築した同盟システム——軍事力を持つ他の国々と協調して平和維持を分担しあうシステム——を、米国による半永久的なグローバル覇権へと転換した。歴代の大統領がいかなる政策や戦略を宣言しようと、米国の実際の戦略は卓越（primacy）戦略[2]だった。卓越戦略の二つの目的は、米国が他国に安全を提供することでリベラルな世界秩序を構築すること、もう一つは、ソ連のような新たな潜在的ライバルの出現を妨害することである。

すべての地域を力で支配しようとする冷戦終了後の米国の計画は、冷戦終了以前の政策からのラディカルな転換なのである」

リンドが記述しているように、米国は自らのグローバル覇権を確立するために他の有力な国の台頭を妨害してきた。具体的には冷戦期のソ連、日本、ドイツである。

第二次世界大戦後、世界は東西両陣営に分かれ厳しい冷戦時代を経験したが、1991年のソ連崩壊によりあっけなく勝負はついてしまった。これほど早く簡単にソ連が崩壊するとは誰が予想しただろうか。1978年に陸上自衛隊に入隊以来、ソ連の日本侵攻にいかに対処するかを考え続けていた私は驚きを禁じ得なかった。

米国にとって冷戦間における最大のライバルはソ連であったが、第二次世界大戦で敵として戦った日本とドイツに対しても一定の警戒心を持ち続け、両国に対してもさまざまな方策を駆使して、その勢力増大を抑えてきた。例えば、ドイツを封じ込めるためにNATO（北大西洋条約機構）を活用してきた。NATOは「米国を引き込み、ロシアを締め出し、ドイツを押さえ込む」ための組織であると言われる。ドイツをNATOに閉じ込めることで、「米国が核の傘を提供する」という構図の中でドイツの核武装を許さなかったし、ドイツが米国の影響力を離れて独自の行動をとることを牽制してきた。

日米関係について言えば、１９７０〜90年代における米国の経済面での最大のライバルは日本であった。ハーバード大学のエズラ・ヴォーゲル教授が１９７９年に書いた『ジャパン・アズ・ナンバーワン』(Japan as Number One: Lessons for America) は有名だが、多くの米国人が日本に脅威を感じていた。とくに日本経済の黄金期であった１９８０年代の米国人は日本を最大の経済的脅威として認識し、日本に対しさまざまな戦いを仕掛けてきた。その典型例が日米半導体戦争である。半導体分野で首位から転落した米国のなりふり構わぬ日本叩きと熾烈《しれつ》な巻き返しは米国の真骨頂であった。こうした米国の仕掛けが成功する

2　卓越戦略では、他の国々を圧倒する米国の卓越したパワー（経済的、政治的、軍事的パワー）のみが世界の平和を保障するという立場である。

とともに、日本の自滅（バブルを発生させてしまった諸施策と、バブル崩壊後の不適切な対処）も重なり、バブル崩壊後の失われた20年を経て日本は米国のはるか後方に置いて行かれたのである。そして今や中国が米国にとって最も手強い国家となっている。

覇権を狙う中国に対していかに対処するか

米国の対外政策の基本は、前述のとおり、「欧州・アジア及び中東における敵対的な大国の覇権の予防」であるが、オバマ政権の親和的な対中政策はこの点で伝統的なものではない。オバマ政権の対中政策は、中国を脅威と強調する立場を採らず、「中国の平和的台頭を歓迎する」という言葉を連発し、この大国と折り合いをつけながら付き合っていこうとする立場であった。米国の歴史上、台頭するライバルにここまで寛容である政権は珍しい。

リンドが主張するように、米国はライバル国の出現を許してこなかった。したがって米国の新大統領の登場と共に対中政策も米中関係も大きく変化する可能性が高い。習近平の中国が、今までのような強圧的な外交を継続すれば米国との激突は避けられそうにない。

本書では、米中戦争のシナリオとして「台湾紛争シナリオ」と「南シナ海紛争シナリオ」の二つの可能性について具体的にシミュレーションを行っていく。シミュレーションの根拠には、ワシントンD.C.所在のシンクタンクであるランド研究所の報告書、及び、戦略・予算評価センター（CSBA）の報告書を主として活用しながら記述する。

第1章では、まず基本的な知識として、「米中戦争を理解するためのキーワード」をいくつか紹介する。具体的には、「大国間の戦争」に関するアカデミズムの見解、「列島線」といった地理的要因、中国の「接近阻止／領域拒否（A2／AD）戦略」などである。

第2章では、「ダイナミックに変貌する人民解放軍（PLA）」について。PLAがいかに変貌してきたか、PLAを読み解くキーワード、PLAの発展の歴史から、習近平主席が主導する現在進行中の大規模な軍改革、中国の軍事戦略、サイバー戦、宇宙戦などについても触れる。

第3章では、「世界最強の米軍と将来構想」についてである。とくに、中国の「接近阻止／領域拒否戦略」に対する米軍の作戦構想である「エア・シー・バトル（ASB）」とその後継である「JAM-GC」、そのJAM-GCを成立させるための「第3次相殺戦略」などについて紹介する。

いよいよ第4章では、本書の焦点である「米中戦争のシミュレーション」について、ランド研究所の公開文書を基にしながら具体的にみていく。「台湾紛争」「南シナ海紛争」の二つのシナリオでの勝敗を明らかにしたいと思う。

最後の第5章では、「いま日本は何をなすべきか」について、尖閣諸島紛争シナリオへの対応、南西諸島の防衛、日米の勝ち目、我が国が今やるべきことなど、日本の防衛の重要事項について述べる。日米共同の「海空陸作戦」（ASLO：Air Sea Land Operation）についても提案したい。

なお、本書で利用した資料は、すべて公開された資料であり、「秘」の資料は一切使っていない。公開資料のみを使うことは、私が防衛省防衛研究所の副所長をしている時からの流儀である。公開資料を丹念に読み込むことにより、事実に肉薄することができる。とくに、米国のように情報公開が進んでいる社会では、事実にきわめて近い情報が惜しげもなく公開されている。米中戦争のシミュレーションについては、国防省や各軍が保有するデータは当然ながら「秘」事項であり、アクセスできない。しかし、幸いなことに、各シンクタンクが国防省と実施した共同研究の相当な部分が公開されている。

その成果が本書であり、ご精読をお願いしたい。

目次

米中戦争・日中紛争が生起しやすい4つの地点

第1章　米中戦争を理解するためのキーワード

基本的な知識として、米中戦争を理解するためのキーワードをいくつか紹介する。これらをあらかじめ押さえておくと、複雑な作戦や戦闘でもイメージしやすくなるだろう。

1　大国間の戦争はあるか──学術研究機関の見解

私がハーバード大学のアジアセンターで研究をしていて日々痛感するのは、「無知の知」である。36年間自衛官をしていたなどと偉そうなことを言っても、自分が知らないことや勉強すべきことが多い。とくに大学のようなアカデミア（学術研究機関）で交わされた議論をしっかり学び、国家安全保障戦略、国家軍事戦略、作戦構想、戦術・戦法を考えるのが私の役割であると思う。

まずは、米国の大学などで米中対立をどのように見ているかについて記述してみたい。

アリソン「トゥキュディデスの罠」

ハーバード界隈の中国人研究者・留学生は、「トゥキュディデスの罠」についてよく知っている。これは古代ギリシャの歴史家トゥキュディデスが唱えた、「新たな覇権国の台頭と、対する既存の覇権国の懸念や対抗心が戦争を不可避にする」という仮説である。

トゥキュディデスは、紀元前5世紀ごろ、古代ギリシャの覇権国だったスパルタと、新たに台頭しつつあったアテネの緊張関係を観察し「アテネの台頭と、対するスパルタの懸念」が両者間の戦争、すなわちペロポネソス戦争を引き起こしたと結論づけた。「台頭する新覇権国と既存の覇権国との争い」の他の例としては、新たに台頭する大国ドイツと既存の覇権国である英国との緊張関係が第一次世界大戦に至った歴史的事実がある。

ハーバード大学ケネディ・スクールのグラハム・アリソン（Graham Allison）教授は、長年トゥキュディデスの罠に注目し、研究しているが、彼によると、過去５００年の歴史の中で台頭する大国が既存の大国に挑戦する場合、16ケース中の12ケースで戦争になったとしている。[3] そして、「米国と中国がトゥキュディデスの罠を回避できるか否か」が、現代の世界秩序を考える際の焦点であると強調するのである。

なお、アリソン教授は「16ケース中4ケースは戦争に至っていない。戦争は、回避できないわけではないが、トゥキュディデスの罠から逃れるには大変な努力が必要となる。米中間の戦争は現時点で我々が認識するよりも蓋然性《がいぜんせい》が高い」と警告している。

２０１５年、習近平国家主席はオバマ大統領と米中首脳会談を行う直前の9月22日、シ

3 Graham Allison, "The Thucydides Trap: Are the U.S. and China Headed for War?", Harvard - Belfer Center for Science and International Affairs

アトルでの演説で[4]「いわゆるトゥキュディデスの罠は世界に存在しない。だが、大国が戦略的な判断を誤れば、自らがそのような罠を作りだすことがある」と発言、トゥキュディデスの罠は不可避なものではなく、双方が正しく判断すれば回避できると主張している。

ミアシャイマー「大国政治の悲劇」

シカゴ大学のジョン・ミアシャイマー教授は、主著『大国政治の悲劇』の第10章「中国は平和的に台頭できるか」で、「中国の台頭は平和的なものにはならないし、新興覇権国の中国は必然的に覇権国である米国と対立する」[5]と主張している。また、「米国はライバル大国の出現を絶対に許しておらず、（中略）『世界唯一の地域覇権国』という立場を決して譲ろうとしていない」[6]という。そして、「米国は中国封じ込めのために多大な努力をするだろうし、中国のアジア支配を不可能にするためには何でもやるだろう」とまで書いている。

国際政治において、大国間の関係は基本的にゼロサム・ゲームであり、一方が勝てば一方が負けることになる。バランス・オブ・パワーの世界では、米中がＷｉｎ－Ｗｉｎの関係になることはない。各国はそれぞれの地域の大国を目指す。米国が西半球（南北アメリカ大陸）で圧倒的な大国としての地位を確立したように、中国もアジアにおいて圧倒的な大国としての地位を確保し支配しようとする——以上がミアシャイマー教授の主張であるが、もちろんアカデミアにはこうした主張に反対し、「米中の衝突は回避できるし、回避しなければならない」と主張する者も数多くいる。しかし、私は、最悪の事態（米中衝突）を想定するミアシャイマー教授の主張は傾聴に値するものだと考えている。

米国防省「国家軍事戦略」の主張

それでは、米国防省は大国間戦争をどのように認識しているのか。米国防省が発表した文書「２０１５年国家軍事戦略」の中で、「今日、米国が主要な大国と国家間戦争に巻き込まれる可能性は低いが、増大している」という記述は注目に値する。

この文書を注意深く読むと、「現在及び予見しうる将来、国家主体による挑戦に、より多くの注意を払わなければいけない。国家主体が地域的な移動の自由に挑戦し、米国本土に脅威を与える能力を高めている。弾道ミサイルの拡散、精密打撃技術、無人機システ

4　Xinhua 2015-09-24, "Full Text of Xi Jinping's Speech on China-U.S. Relations in Seattle"
5　ジョン・J・ミアシャイマー、『大国政治の悲劇』、P５１０、P５２４、P５３５
6　ジョン・J・ミアシャイマー、『大国政治の悲劇』、P５０９

ム、宇宙及びサイバー戦能力、大量破壊兵器、米軍の軍事的優位性に対抗して国際公共財（海、空、宇宙、サイバー空間など）に対するアクセスを阻止する技術などがとくに注目されると記述している。これらの記述は、後述する中国の「接近阻止／領域拒否（A2／AD）戦略」について述べたもので、明らかに中国を意識した表現である。「国家軍事戦略」は統合参謀本部の文書であり、統合参謀本部をはじめとする米軍は、米中対決という最悪の事態に備える任務を負っている以上、そのような事態に備えるのは当然のことであろう。

2　主要国の軍事力比較

世界の軍事力の比較も重要なテーマとなる。英国の国際戦略研究所（IISS）が毎年刊行する、世界各国の軍事力の報告書「ミリタリー・バランス」や、ストックホルム国際平和研究所（SIPRI）の資料を基にすると、主要6ヵ国の軍事力は図表①のようになる。国防費では米国、中国、ロシア、インド、日本、韓国の順だ。

スイスの金融グループであるクレディ・スイスが発表している軍事力の総合順位は、米国、ロシア、中国、日本、インド、韓国の順となっている。軍事分析会社グローバル・フ

図表① 主要国の軍事力比較

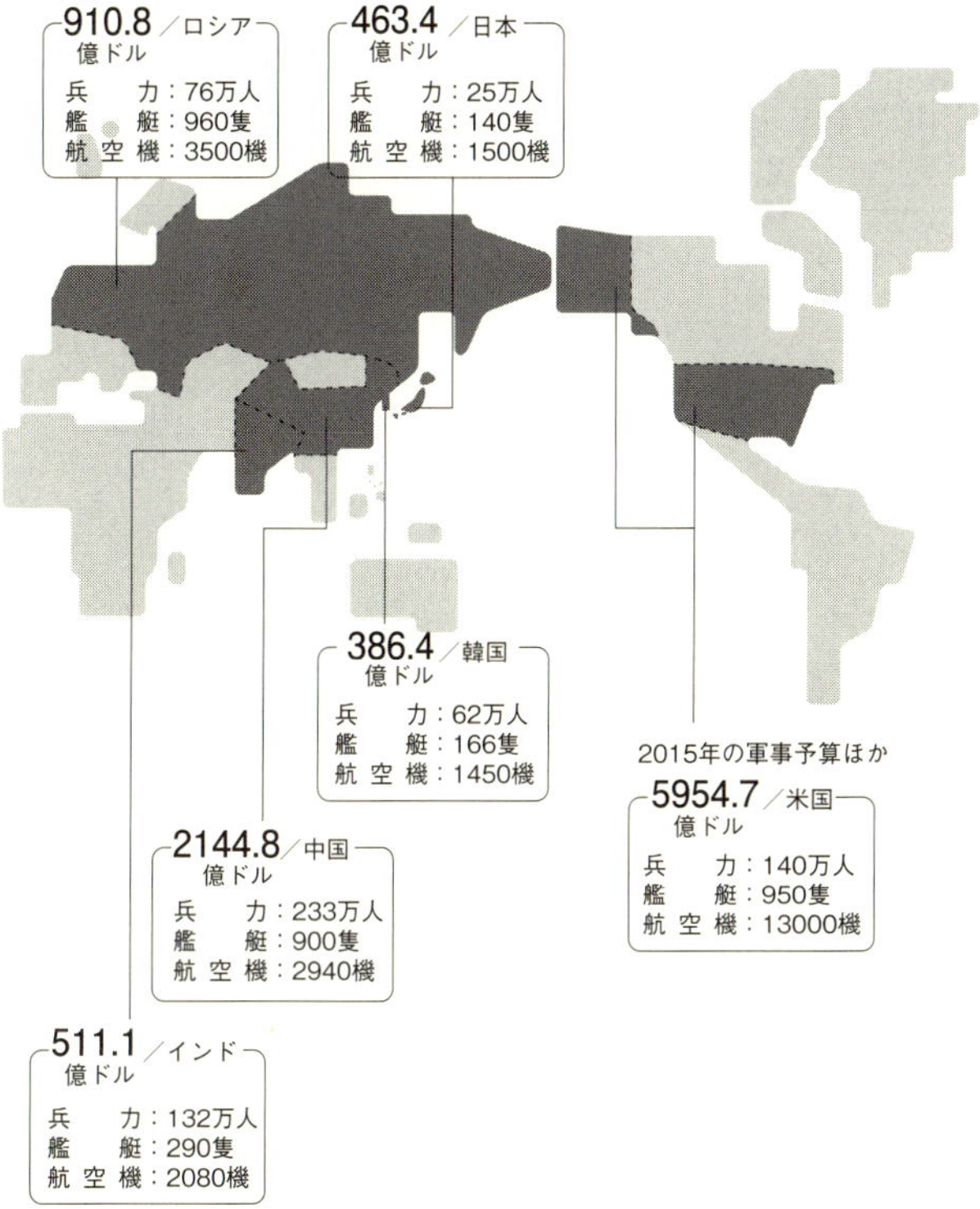

出典：SIPRI、グローバル・ファイアーパワーなどが発表している数値をもとに編集部で独自に作成

ファイアーパワー（Global Fire power）も軍事力の総合順位を発表しているが、こちらは米国、ロシア、中国、インド、日本、韓国の順になる。共通的な評価では、米国が圧倒的な軍事力を誇る世界一の軍事大国であり、ロシアが2位で中国が3位であり、日本は上位3国の後塵を拝している。

もっとも、こうした軍事力のデータ分析に基づく総合順位は一つの判断基準にはなるが、実際に紛争が生起した場合の勝敗を決定する戦力の算定のためには、多くのパラメーター（兵器の質、訓練練度、統合作戦能力、戦術・戦法、作戦地域までの距離、軍事生産基盤、科学技術力、作戦地域周辺に同盟国や友好国が存在するか否かなど）も考慮した、より詳細な分析が必要となる。

3　地理的要因

第1列島線と第2列島線

「第1列島線」「第2列島線」は、もともと中国が人民解放軍近代化の中で打ち出した軍事上の概念のことである。米中戦争について考える際にきわめて重要な概念となる。

図表②は米国防省が発表した中国の軍事力に関する年次報告書に記されていた第1列島

図表② 第1列島線と第2列島線

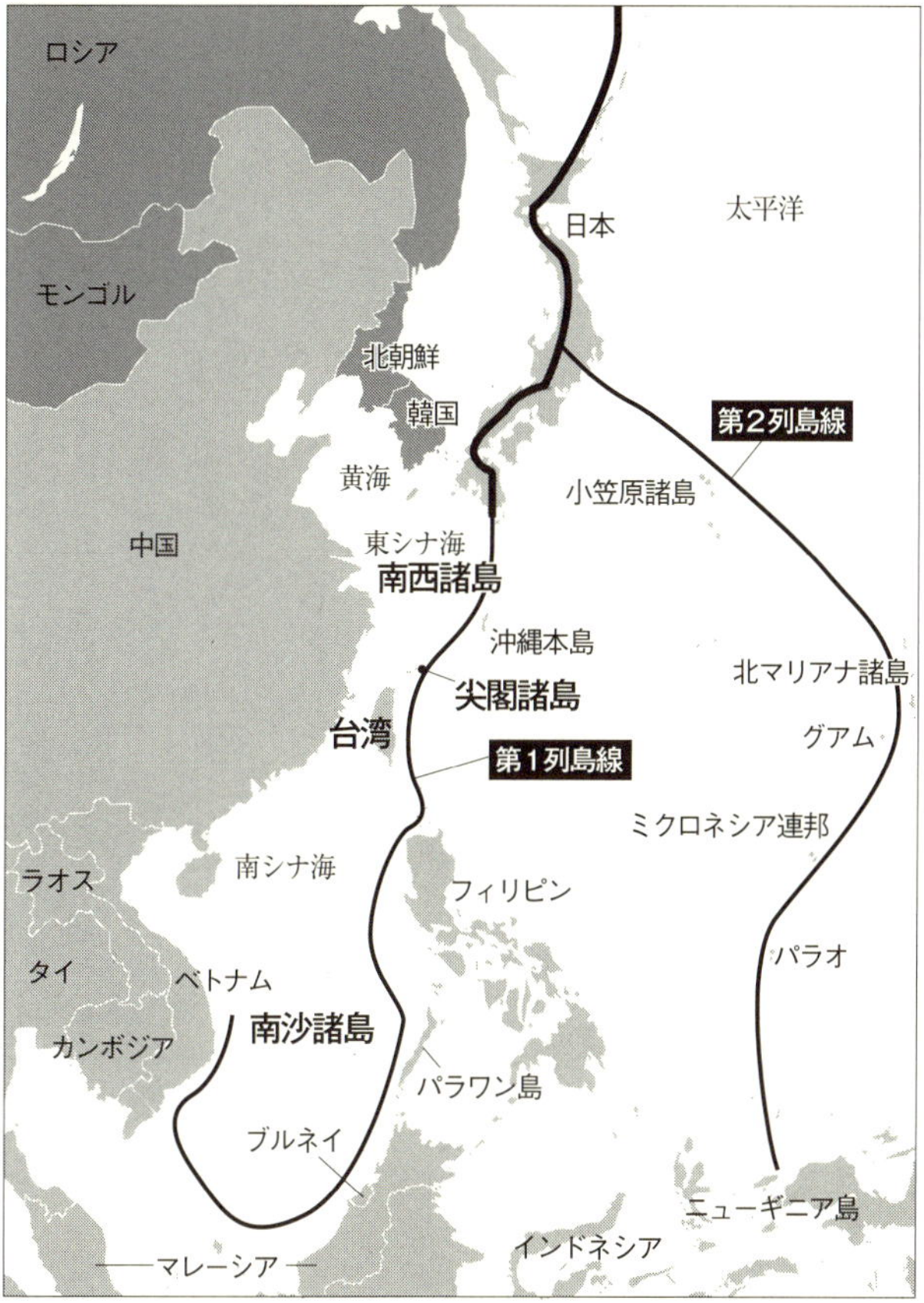

出典：米国防省の列島線に筆者が加筆

線、第2列島線に、私が千島列島、日本列島を結ぶ太字のラインを追加したものだ。米国防省の解釈では、第1列島線は、九州南部から始まり、南西諸島、台湾、フィリピン、大スンダ列島を結ぶ線となる。第2列島線は、伊豆諸島、小笠原諸島、グアム・サイパン、パプアニューギニアに至る線である。

中国側の解釈では、第1列島線は、カムチャツカ半島、千島列島、日本列島、南西諸島、台湾、フィリピン、大スンダ列島を結ぶ線、そして第2列島線は、カムチャツカ半島、千島列島、日本列島の一部、伊豆諸島、小笠原諸島、グアム・サイパン、パプアニューギニアに至る線となっている。つまり、中国の解釈ではカムチャツカ半島、千島列島、日本列島が各線に含まれているのだ。この後の議論を展開する上で日本列島が含まれた方が適切であると思うので、本書では中国側の解釈を採用する。

人民解放軍海軍は1982年に「近海防御戦略」を策定し、第1列島線の内側を「近海」とした。第1列島線の外側が「遠海」であり、遠海での防御が「遠海防御」だ。中国海軍近代化の父と呼ばれる劉華清が1985年に近海防御戦略の再検討を主導し、より中国本土から離れた場所で敵を迎撃する「積極防御戦略」が採用された。中国はこの二つの列島線を基に戦略を定めているのである。

距離の過酷さ

「距離の過酷さ（The Tyranny of Distance）[7]」とは、「作戦地域までの距離」が作戦にいかに大きな影響を与えるかを表現した言葉で、もともとは「オーストラリアの歴史や独自性は、欧州からの地理的遠さと密接な関係がある」という、ジェフリー・ブレイニーの著書"The Tyranny of Distance"[8]で使われた言葉だ。

軍事技術は飛躍的に向上してきたが、距離、時間、天候などの要素は、今日でも依然として軍事作戦にきわめて大きな影響を及ぼす。とくに距離は、戦争の勝敗に決定的な影響を与える重要な要素である。米海軍大学のジェームズ・ホームズ教授の論文「距離の過酷さ」は、「世界最強を誇る米軍でさえ、長距離作戦を遂行する能力には限界があるが、多くの人々はそれを理解していない」と述べ、距離の遠さが米軍の遠隔地での作戦を困難にすることを明らかにしている。米中戦争のシミュレーションをする際にも作戦地域までの距離は作戦の成否に決定的な要因となる。

米国にとっての太平洋は本土防衛の防波堤であるとともに軍事行動の阻害要素でもあ

7 The Tyranny of Distance の訳については、距離の圧政、距離の暴虐などの訳もあるが、作戦における距離の過酷さを表現する意味で「距離の過酷さ」とする。

8 Geoffrey Blainey, "The Tyranny of Distance: How Distance Shaped Australia's History"

図表③　距離の過酷さ

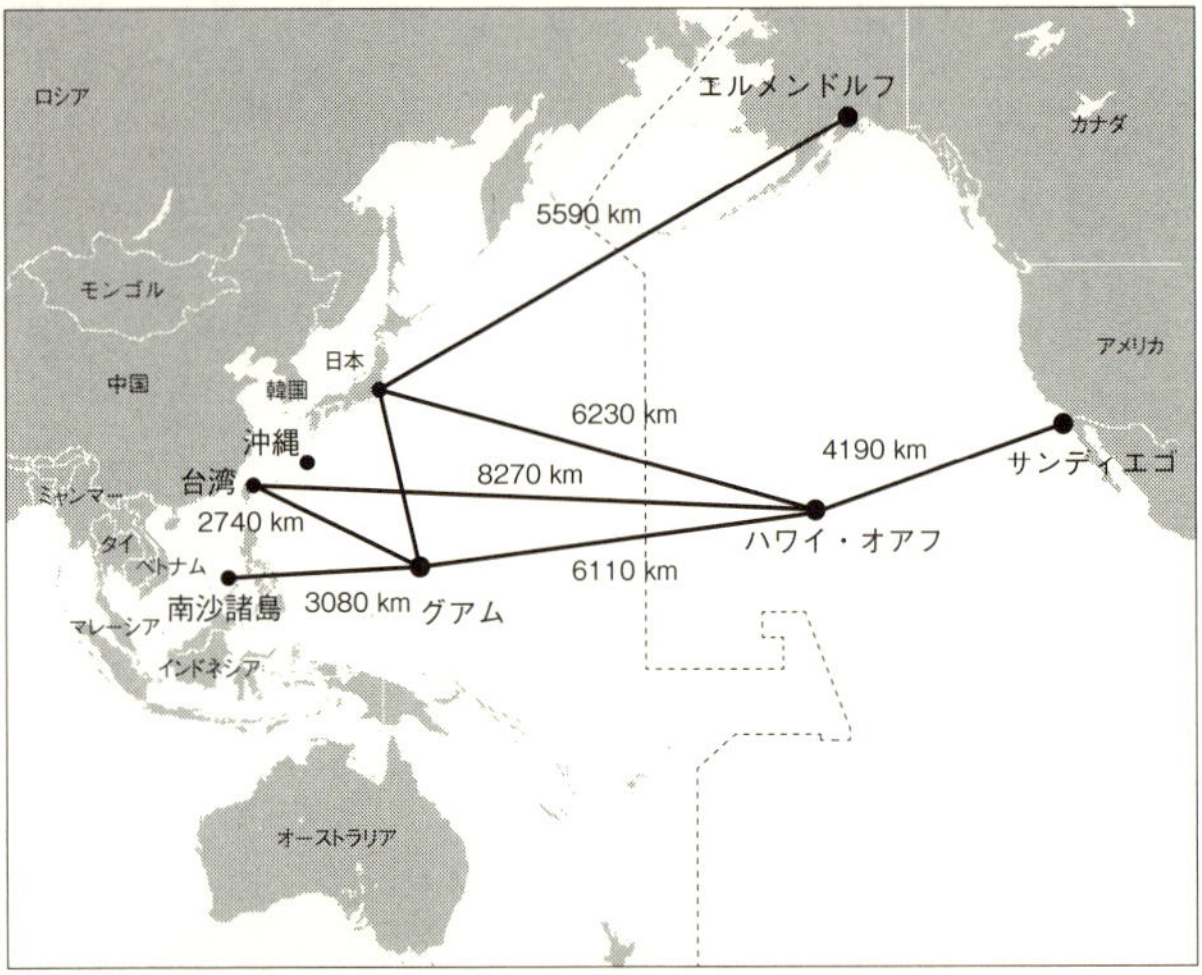

出典：筆者作成

る。世界最強の戦力投射能力（軍事力を準備、輸送、展開し軍事作戦を遂行する能力）を誇る米軍でさえ、米国本土から南シナ海や台湾周辺までの長距離克服は難しいのだ。シカゴ大学のジョン・ミアシャイマー教授は、「世界支配の最大の障害は、ライバル大国の領土まで海を越えて戦力投射を行うのが難しいことにある」と指摘している。[9]

海洋に影響を受けない空軍力も「距離の過酷さ」を克服できずにいる。空爆のためには目標近傍に航空機が使用可能な空軍基地または空母が存在することが前提となる。例えば、ハワイから台湾までの距離は8

２７０km、同じくハワイから南シナ海の南沙諸島までは９１９０kmもあり、B‐1やB‐2爆撃機ではハワイからの爆撃はなかなか厳しい。しかし、グアムから台湾までの距離は２７４０km、グアムから南沙諸島までの距離は３０８０kmとなり、爆撃は容易になる。そのため、グアム、在日米軍基地、フィリピンの基地などは米軍にとって非常に重要な意味を持っている。

なお、中国から見た場合、中国本土と台湾の間には幅１５０～１９０kmの台湾海峡が存在し、中国の着上陸能力が焦点となる。

脅威＝能力×意思÷距離

米国の同盟国に存在する米軍基地（とくに在日米軍基地）は、「距離の過酷さ」を克服するための最適な手段となる。米国が同盟国や友好国との連携を重視するのは、米軍の前方展開を支援する基地の提供や兵站《へいたん》支援を期待するからである。

前方展開基地を確保できれば、あらゆる紛争や不測事態に迅速に対応できるようになる。米国が同盟国や友好国との関係を重視し、依然としてコストとリスクを甘受して海外

9 ジョン・J・ミアシャイマー、『大国政治の悲劇』、P83

に軍を駐留させている理由は、まさにこの点にある。米軍の前方展開は、地域における紛争発生を防止する大きな抑止力になる。日本をはじめとする米国の同盟国が米軍に基地を提供するのは以上の理由による。

軍事上の脅威を表す際、多くの専門家は「脅威＝能力×意思」という公式で表現する。この場合の意思とは「他国を侵略する意思」だ。

だが、私はこの公式は不正確だと思う。より正確には、「脅威＝能力×意思÷距離」、つまり、対象国の間の距離を変数として挿入すべきだと考えるからだ。例えば、中国の能力と意思が同じ場合、中国に隣接する日本が感じる脅威は、中国からはるか遠方に所在する米国が感じる脅威よりも大きい。距離が近くなればなるほど脅威は増大し、距離が遠くなればなるほどに脅威は低下する。距離は、脅威認識にとって不可欠な要素なのである。

4　中国の「接近阻止／領域拒否（A2／AD）戦略」

米中の軍事関係を論じる際の最大のキーワードは、現在の人民解放軍が採用している「接近阻止／領域拒否（A2／AD）戦略」である。A2／ADとはAnti-Access/Area

Denialの略だ。A2／AD戦略は、強大な米軍にいかに勝利するかを徹底的に検討した末に人民解放軍が導き出した戦略であり、米軍はその対処に頭を悩ますことになった。

最強の米軍が「戦場に到達できない」？

冷戦時の米軍は「前方展開戦略」を採用し、欧州では主として西ドイツに、アジア太平洋ではとくに日本と韓国に前方展開のための基地を確保していた。だが、冷戦終結後に旧西ドイツにあった前方展開基地から大部分の米軍が撤退し、日本や韓国に駐屯する兵員数も減少していった。米軍は現在、一部の地域で前方展開を継続しつつも、有事に際しては米国本土から直接部隊を緊急展開する戦略を採用している。この米軍の緊急展開を妨害するのが中国軍の「接近阻止（A2）」だ。中国軍の接近阻止の目的は「米軍を西太平洋地域から排除すること」であり、より具体的に言えば「第2列島線内に米海軍の艦艇を侵入させないこと」である。中国軍のA2／AD能力の向上により、米軍は戦場に到達できない可能性を認識するに至った。この危機感を背景として、米軍統合参謀本部にはエア・シー・バトル室（Air Sea Battle Office）が設置され、A2／ADに対処する作戦としてエア・シー・バトルが検討されてきた。後述する米軍の「エア・シー・バトル」作戦構想は、このA2／ADに対する米軍の回答と言える（第3章で詳述していく）。

ただし、現在はエア・シー・バトルの名称がJAM-GC[10]（国際公共財への接近及び機動のための統合構想）に変更され、引き続き統合参謀本部第7部で検討されている。

A2／AD戦略の骨幹は中・長距離ミサイル

図表④をご覧いただきたい。この図は、米海軍情報オフィスの報告書「人民解放軍海軍」に掲載されている中国の「3層防御態勢」を示している。第1層は対艦弾道ミサイルと潜水艦によって構成されており、距離的には1000〜1852km。第2層は、潜水艦と航空機によって構成されており、距離的には500〜1000km。そして第3層は、水上艦艇、航空機、潜水艦と沿岸防御巡航ミサイルによって構成されており、距離的には0〜500kmである。この3層の防御態勢こそが米海軍が認識するA2／AD戦略の骨幹だ。

米軍と中国軍の戦いの焦点は、どちらがより長い射距離の兵器を保有し、それを有効に活用するかにある。次章で細かく見ていくが、A2／ADを採用する中国軍は、「中・長距離ミサイル」「長距離爆撃機とミサイルの組み合わせ」「潜水艦発射火力の開発・取得・配備」に注力している。とくに中・長距離ミサイルがその中核となっている。具体的な装備としては、地対地弾道ミサイル、地対艦弾道ミサイル（ASBM）、巡航ミサイル、対空

図表④　中国の重層的なA2/AD能力

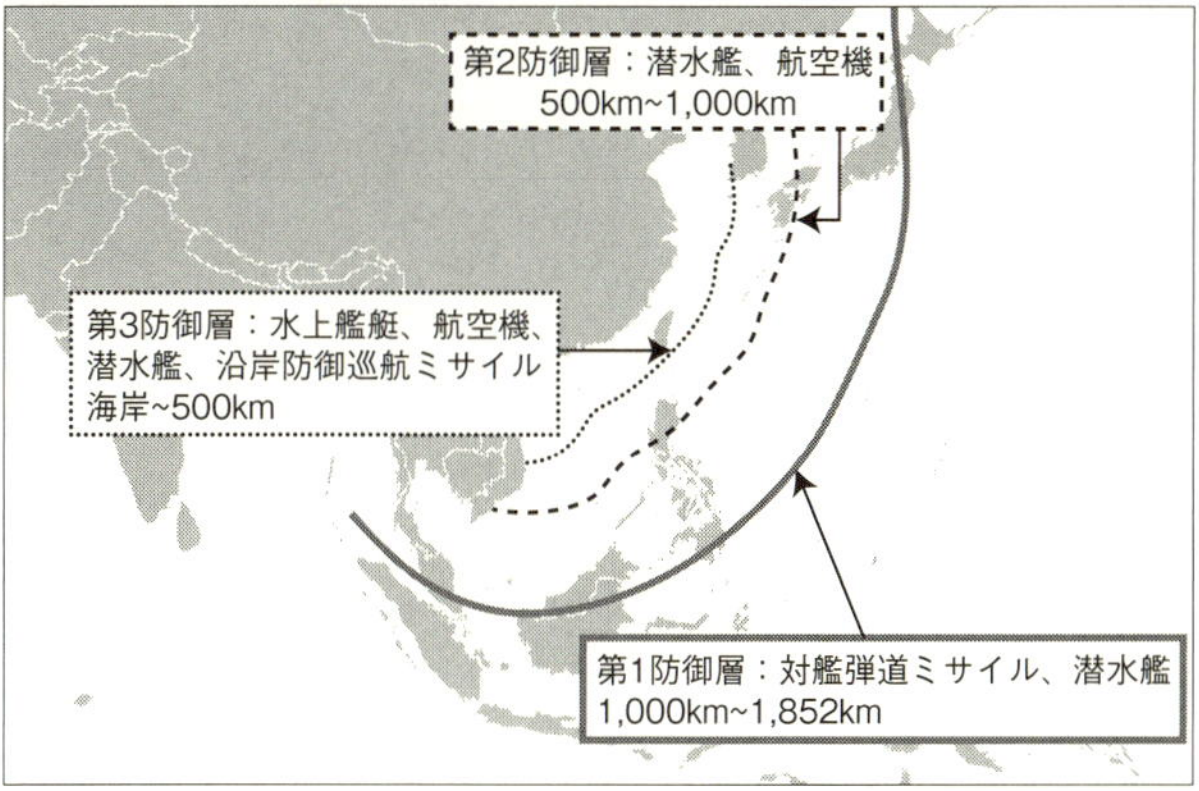

出典：米海軍情報オフィス（ONI）

ミサイルなど各種のミサイルとその運搬・発射手段であるミサイル発射台、爆撃機、潜水艦、水上艦艇が挙げられる。A2／ADの特徴は、自ら遠方に進出するのではなく、自国の近海で敵が来るのを待ち構える点にある。中国領土・領海付近から、ミサイルのような長距離火力の発揮により米軍の接近を阻止し、作戦地域の利用を拒否しようというのがA2／ADである。

ミサイル大国・中国

米国は、冷戦時に当時のソ連と中距離核戦力全廃条約（INF全廃条約）に合意したために、アジア太平洋地域においても射程500

10　JAM-GC：Joint Concept for Access and Maneuver in the Global Commons kmから５５００kmの地上発射型ミサイルの開発・取得・実験を自制している。

一方、中国軍はＩＮＦ全廃条約の当事者ではないので拘束されることなく短距離・中距離・長距離ミサイルの開発・生産・取得を推進しており、これら各種ミサイルが中国のＡ２／ＡＤ戦略の中核を担う兵器になっている。中国の各種ミサイルは、米軍の空母などの艦艇にとってのみならず、在沖縄米軍基地などに対する重大な脅威となっている。

例えば、中国は対艦巡航ミサイル（ＡＳＣＭ）としてＹＪ-83（２５０km）、ＳＳ-Ｎ-22サンバーン（２５０km）、ＳＳ-Ｎ-27シズラー（３００km）を保有し、射距離ではいずれも米軍のハープーンＡＳＣＭ（１２４km）を凌駕している。また中国の航空機Ｓｕ-30フランカー（最大戦闘行動半径１５００km）にＹＪ-12対艦巡航ミサイル（４００km）を装備するとその到達距離は１９００kmとなり、米国の空母搭載の航空戦力であるＦ／Ａ18Ｅ／Ｆ及びＦ-35Ｃの航続距離１３００kmや海軍のトマホークの射程１６００kmをも超えている。

さらに中国軍は、地上発射、地上目標攻撃用の弾道ミサイルや巡航ミサイルを多数保有しており、西太平洋の米軍基地を制圧する能力を有する。航空機発射巡航ミサイルの射程は３３００kmでグアムやマラッカ海峡は射程内だ。中国軍の対艦弾道ミサイル（ＡＳＢＭ）であるＤＦ-21Ｄ（射程１５００kmだが、２０００km以上という説もある）は、米空母などにとって最も脅威となる兵器である。

以上のように、アジア太平洋正面におけるミサイル分野では中国軍が優位にある。中国軍はミサイル及び航空機によるアウト・レンジ戦法（敵の射程外から火力を発揮しこれを撃破する戦法）を採用し、米軍ほかの兵器の射程外から火力を発揮しようとしているのだ。

中国軍の短期限定作戦

中国軍は、現段階においては、戦力に勝る米軍と本格的な戦争をしようとは考えていない。しかし、中国は現時点において米国以外の国（日本など）に対する短期限定作戦を想定しているし、近い将来において米軍と戦力が拮抗すれば、米軍に対する短期限定作戦も想定する——これが私の見解である。

将来的に短期限定作戦での勝利を企図し、米軍が行動を開始する前に大規模な空爆や弾道ミサイル攻撃などによって米軍の前線基地（在日米軍基地やグアムの米軍基地など）に直接的な先制攻撃を行い、米軍の作戦能力を殺いでしまう。同時に米軍のＣ４ＩＳＲ機能（Command, Control, Communication, Computer, Intelligence, Surveillance, Reconnaissance＝指揮・統制・通信・コンピュータ・情報・監視・偵察）や補給能力の低下を狙う攻撃手段（衛星攻撃兵器による米国衛星に対する攻撃、サイバー作戦、電子戦など）を併用することで米軍のアクセスを阻止する。さらには、対艦弾道ミサイルや外洋に展開した潜水艦、水上艦艇の対艦巡航ミサイルや機雷などによって、空母をはじめとする米海軍の海上兵力の近接と自由な行動を拒否し、第2列島線以東（中国沿岸の1500nm［海里］つまり約3000km以遠）に排除することを企図する。中国軍は、現状において東アジアにある6ヵ所の米空軍基地の大半を弾道ミサイルや巡航ミサイルで直接攻撃することが可能である。

中国軍の作戦・戦術の基本は、陸海空の通常戦力のみならず、弾道ミサイル、衛星破壊兵器やサイバー・電子戦能力、さらには特殊部隊や武装民兵などを活用し、あらゆるドメイン（作戦領域）において米軍の脆弱性（アキレス腱）を突くことにある（この点は次節の「クロス・ドメイン作戦」で述べる）。中国軍が米軍のアキレス腱と認識しているのは、米軍の兵力展開の基盤となる前方展開基地、航空母艦、そして米軍の作戦・戦闘の基盤となる、前述のC4ISR機能である。中国軍は、これらを封殺することによって米軍の戦力発揮を妨害し、中国への介入を断念せざるを得ない状況に陥らせることを狙いとしている。

5　クロス・ドメイン作戦

科学技術の急速な進歩とともに、軍隊の作戦領域（ドメイン）が拡大している。従来は陸、海、空の三つのドメインが基本であったが、技術の進歩によって「宇宙」「サイバー空間」という新しい二つのドメインが加わった。米軍は、これら五つのドメインのうち、「複数にまたがる＝クロス・ドメイン作戦」（CDO）の相乗効果を重視している。

例えば、衛星を攻撃する兵器には地上発射、海上発射、空中発射のミサイルがあり、これらのミサイルが宇宙に所在する人工衛星を破壊すれば、ドメインを越える（陸から宇宙、海から宇宙、空から宇宙）作戦、つまりCDOとなる。一方、これを効果の面から見ると、相手国の人工衛星を破壊することで、相手国の衛星を利用した陸上作戦、海上作戦、航空作戦が困難になる。つまり宇宙での成果が陸、海、空のドメインに影響を及ぼすのでCDOとなる。宇宙ドメインに所在する人工衛星などをめぐる攻防を主体とした作戦（本書では「宇宙戦」と呼ぶ）は、現代戦におけるC4ISRの各機能にとって死活的に重要な作戦である。通信衛星やGPSが使えなくなれば軍事における現代戦が遂行不能になるだけではなく、経済活動や国民の生活にも重大な影響を及ぼす。このため現在では、米国、中国、ロシアを筆頭に、各国が宇宙戦能力の向上に努めている。

一方、サイバー空間での作戦（本書では「サイバー戦」と呼ぶ）は、平時からサイバー戦による情報窃取[11]、重要インフラへのサイバー攻撃として実施されている。言うまでもなく、

11　英語ではcyber theft（サイバー窃取）とかcyber espionage（サイバースパイ活動）の用語が使われる。俗にハッキングとも言われる。

サイバー戦も、すべての作戦の前提条件となるきわめて重要な作戦であり、紛争時における陸・海・空・宇宙での作戦に重大な影響を与える典型的なCDOだ。

米軍は各ドメインの作戦を統合することでの相乗効果を強調している。陸上戦力は、もはや陸での作戦のみを考えていては失格で、海・空・宇宙・サイバー空間での作戦をいかに活用し、相乗効果を発揮するかを考えなければならない。海・空の戦力も同様である。

中国人民解放軍は、最強の米軍にいかに勝利するかを考え続け、その結論として米軍の弱点である「宇宙」「サイバー空間」の二つのドメインでの作戦を重視している。中国軍の作戦構想では、戦争開始前後での宇宙戦、サイバー戦による先制攻撃を重視している。

6　ハイブリッド戦と超限戦

クロス・ドメイン作戦に次いで重要な作戦が「ハイブリッド戦」である。欧米諸国の軍事専門家は、2014年のクリミア併合以来、ロシア軍がウクライナで続けている作戦をハイブリッド戦と呼んでいる。ハイブリッド戦の定義について我が国の防衛白書は、「破壊工作、情報操作など多様な非軍事手段や秘密裏に用いられる軍事手段を組み合わせ、外形上『武力攻撃』と明確には認定し難い方法で侵害行為を行うこと」と記している。

本書では、正規軍と非正規組織（民兵、反政府グループなど）の混用、物理的破壊手段（軍事力）と非物理的破壊手段（謀略、情報操作などを活用した情報戦）の混用など、ハイブリッドな手段を活用した作戦をハイブリッド戦と定義する。

ロシア軍が遂行するハイブリッド戦

最近、世界各地の重要インフラに対するサイバー攻撃に関するニュースが増えてきた。直近では、２０１５年12月にウクライナで発生した数時間にわたる停電事案[12]が有名である。ウクライナ保安庁の発表によると、この停電は、ロシアが国家レベルで周到に計画し、実行したサイバー攻撃によるものだという。この事案の注目点は、個人やテログループなどといった非国家主体ではなく、ロシア国家そのものによるサイバー攻撃であると断定されたことである。

２０１４年のクリミア併合直前から今に至るまで、ロシア軍またはロシア連邦保安庁（ＫＧＢの後継組織）によると思われるサイバー攻撃がウクライナで継続的に実施されてきた。同国内の通信ネットワーク（携帯電話ネットワーク、インターネット・ネットワーク）の破

12 SANS Industrial Control Systems Security Blog by Michael Assante, "Confirmation of a Coordinated Attack on the Ukrainian Power Grid"

壊、政府のウェブサイトの機能停止、ウクライナの重要インフラへの攻撃などが広範囲かつ継続的に行われている。これらのウクライナを対象としたサイバー戦は、2008年のロシア軍によるグルジア侵攻の際のサイバー戦と酷似しているとも指摘されている。[13] ロシアは、2007年に発生したエストニアに対するサイバー攻撃[14]においても、その関与が疑われている。ロシアは、エストニア、ジョージア（旧グルジア）、ウクライナでの実戦を徹底的に活用し、着実にサイバー戦能力を向上させていると見るべきだろう。

いまやウクライナは、ロシアにとって最先端の技術や新たな戦い方を試すための実験場と化している。そこではサイバー戦、電子戦、情報戦、正規戦や非正規戦がミックスされたハイブリッド戦が続けられている。

中国の超限戦

「超限戦」は、中国人民解放軍の喬良・王湘穂という二人の大佐が1999年に発表した概念で、世界的に大きな反響を呼んだ。現在の中国やロシアの動向を観察すると、両国は超限戦を実践していると言える。

超限戦とは、文字どおり「限界を超えた戦争」であり、あらゆる制約や境界（作戦空間、軍事と非軍事、正規と非正規、国際法、倫理など）を超越し、あらゆる手段を駆使する、まさに「制約のない戦争」である。正規軍同士の戦いである通常戦のみならず、非軍事組織を使った非正規戦、外交戦、国家テロ戦、金融戦、サイバー戦、三戦（広報戦、心理戦、法律戦）などを駆使し、目的を達成しようとする戦略である。倫理や法の支配さえも無視をするきわめて厄介な戦争観である。

民主主義国家にとって人権、自由、人命の尊重、国際法の順守は当然のことであり、これらの価値観によって軍事行動は限定される。しかし、超限戦における行動に歯止めをかけるものはない。だからこそ厄介なのだ。

中国は現在この瞬間も超限戦を遂行している。例えば、平時からサイバー戦を多用することで世界の主要企業に関する社外秘のデータを窃取しているし、前述の三戦を多用し、東シナ海や南シナ海でも「準軍事手段を活用した、戦争には至らない作戦」（ＰＯＳＯＷ[15]）を多用している。ＰＯＳＯＷの典型例は、南シナ海で領土問題を抱える諸国に対し海軍の艦船を直接使用することなく、漁船、武装民兵、海警局の監視船といった準軍事的な手段

13　Channel 4, "Russian cyber attacks on Ukraine: the Georgia template", http://www.channel4.com/news/ukraine-cyber-warfare-russia-attacks-georgia

14　２００７年４月、エストニア政府のネットワーク及びオンライン・バンキングに対してサイバー攻撃がなされ、その機能が一時的に停止した。ロシアが関与したと報道されている。

15　ＰＯＳＯＷ：Paramilitary Operations Short of War

を駆使し、中国の主張を強制するやり方だ。「戦わずして勝つ」伝統を持つ中国は、軍事力の行使をせずとも、さまざまな手段を駆使した「戦い」を実践していると言ってよい。

7 キル・チェインとC4ISR能力

弾道ミサイルなど、長射程兵器の「キル・チェイン」と、それを可能とする指揮・統制・通信・コンピュータ・情報・監視・偵察（C4ISR）の能力はきわめて重要である。キル・チェインとは、ほぼリアルタイムで目標を発見、捕捉、追跡、ターゲティング（目標指示）、交戦（射撃）、射撃の効果を判定する——という一連のプロセスを指す。例えば、狙撃銃による射撃の場合、狙撃手は一連のキル・チェインを自分一人で実施する。敵を発見し、照準眼鏡で捉え、追跡し、風の方向や風力などの諸条件を瞬時に判断し、最終的に狙いを定め、引き金を引き、射撃の効果を確認し、効果があれば任務終了となる。

狙撃の場合のキル・チェインは非常に単純だが、何千km も離れた空母を狙う弾道ミサイルのキル・チェインを考えてみよう。ミサイルを射撃する者（シューター）からは直接空母を見ることはできないから、空母の発見・捕捉・追跡は人工衛星・レーダー・航空機などのセンサーからの情報が不可欠であり、その目標情報を通信システムを通じて取得する。

実際に射撃するためには兵器に入力する射撃諸元（目標を射撃するために必要なデータ）が必要であるが、その計算はコンピュータが実施し、その射撃諸元を通信システムを通じて受け取り、実際に射撃する。射撃効果の判定もシューターにはできないので、各種センサーの情報をもらう。つまり、弾道ミサイルを実戦で運用するためには、キル・チェインの全段階をコントロールする優秀なC4ISRシステムが必要になる。

米国のシンクタンクである戦略・予算評価センター（CSBA）が現在提案しているのがグローバル監視・打撃ネットワーク（GSS：Global Surveillance and Strike）だ。このネットワークは、キル・チェインの全段階をコントロールするネットワークであり、全世界に分散する攻撃目標に対して、攻撃を決断してから数時間以内に、全世界に分散する兵器（シューター）を用いて実施することを目標としている。

8　米軍と人民解放軍の〝経験の差〟

米軍は頻繁に戦争に参加している。第二次世界大戦以降に限定してみても、朝鮮戦争、ベトナム戦争、湾岸戦争、コソボ紛争、対テロ戦争（アフガニスタン戦争、イラク戦争を中心として2001年から2016年現在までの15年間）など、実施された軍事作戦の大半は米国によるものである。米軍の軍事戦略・作戦構想・戦術・戦法などのソフトと、兵器などのハードは、戦争を通じて検証され、問題点が指摘され、たえず改善されてきた。米軍ほど、その時代の最新のテクノロジーを導入することでソフトとハードを飛躍的に発展させてきた軍隊は存在しない。その典型が、ITを大胆に取り入れたRMA（軍事における革命＝Revolution in Military Affairs）であった。RMAにより米軍の作戦はデジタル化し、高速化、精密化、グローバル化してきたのである。

実戦経験豊かな米軍に対して人民解放軍は1950年の朝鮮戦争、1979年の中越戦争以降37年間にわたり大きな戦争の経験がない。したがって人民解放軍の兵器は実戦でその性能が証明されていないし、人民解放軍の指揮能力や戦争遂行能力も同様である。

自衛隊は、実戦経験豊かな米軍と頻繁に共同訓練を実施しており、多くの実戦的な戦い方を学ぶなど、計り知れない恩恵を受けている。自衛隊の中国軍に対する優位性は、日米同盟の存在であり、日米共同訓練にある――これは厳然たる事実だ。

実戦経験豊かな米軍と実戦経験のない人民解放軍の差は非常に大きく、その差は実戦における勝敗の決定的な要因の一つになるであろう。

第2章　ダイナミックに変貌する人民解放軍

人民解放軍は客観的に評価すべきである

ダイナミックに変貌する人民解放軍を語ることは、目を閉じながら巨象を撫で、「象とはこういうものだ」と話すに等しい行為かもしれない。周知のとおり、中国は情報公開に消極的で秘密の多い国である。人民解放軍の透明性に関する姿勢は、「弱者が透明だと、強者との差は永遠に埋まらない」という認識を基本としている。つまり、人民解放軍の実態を努めて不透明にすることにより、その実力の正確な把握を困難とし、ある時には過大評価させ、ある時には過小評価させようとする。我が国には中国製の兵器を小馬鹿にしたり（「中国軍のジェット戦闘機は米国やロシアのコピーであり、実戦では使えない。中国軍は張り子の虎である」など）、反対に過大評価したり（「自衛隊は中国軍に簡単に負けてしまうだろう」など）する人が多いが、中国の軍事力を過大評価してもいけないし、過小評価してもいけない。努めてクールに客観的に評価する必要がある。

私自身は、「人民解放軍は、多くの問題を抱えているが、決して侮《あなど》ってはいけない存在だ」と評価している。この評価は、危機管理の基本である「最悪の事態に備える」に根差している。私は現役時代、陸上幕僚監部の装備部長のポストに就いたが、その経験によれば、兵器の研究・開発・生産・取得には常にリスクが伴う。生産第1号機に改善すべき点が発見されるのは稀なことではない。大切なのは、改善に改善を重ね、より優れた兵器にアップグレードすることだ。ある瞬間は欠陥兵器に見えたとしても、その弱点は修正されている可能性がある。中国軍に対する絶えざる客観的な分析が必要な理由がここにある。

1 人民解放軍を読み解くキーワード

人民解放軍を読み解く場合にも、見逃すことのできないポイントがいくつかある。そのポイントを知っておくと、人民解放軍の理解がきわめて容易になる。

中国の国防費

中国は、数値的に見れば世界第2位の軍事大国である。例えば、国防費は米国に次いで世界第2位の地位にある。2015年度は88869億元（1元18円とすると15兆9642億円）となり、日本の防衛費4兆9800億円の3・2倍に達する。図表⑤「中国の公表国防費の推移」を見ると、中国の国防費は1989年度（冷戦終結及び天安門事件の年）から現在までほぼ一貫して年率二ケタの伸び率であり、2005年度から2015年度までの10年間では3・6倍という驚異的な上昇率である。また、中国が公表する国防費には兵器購

図表⑤　中国の公表国防費の推移

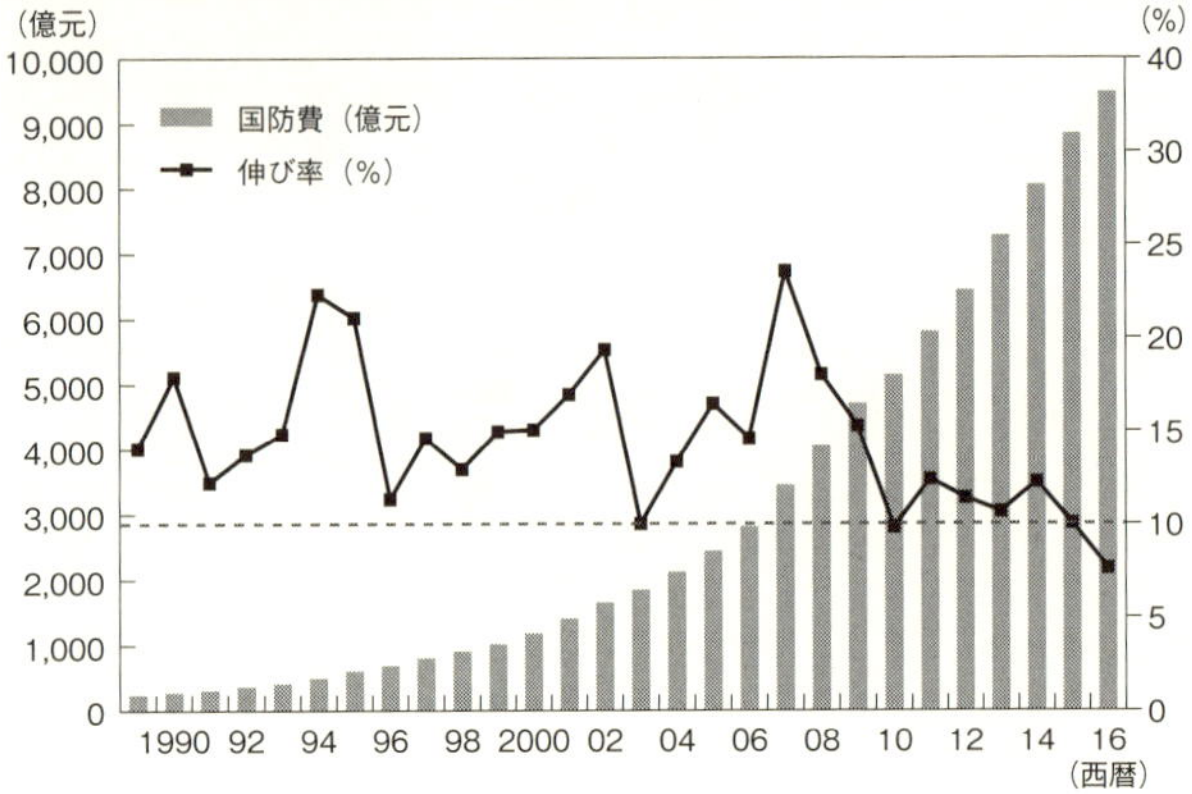

出典：平成28年版「防衛白書」

入費や研究開発費のすべてが含まれているわけではなく、[16]実際の国防費は公表額の1・5倍という説（ストックホルム国際平和研究所）もある。

もっとも、後述する人民解放軍の「腐敗」により、国防費の一部が組織や個人にピンハネされているため、公表国防費の全額が兵器の開発、取得、運用・訓練、整備に使われるわけではない。中国の国防費は額面通りに受け入れることのできない側面がある。

国家ではなく共産党の軍隊である

人民解放軍は共産党の軍隊であり、国家の軍隊でも国民の軍隊でもない。人民解放軍の指揮権は共産党中央軍事委員会が握っている。また、軍の各組織（師団、戦区など）には司令官のほかに党務を担当する政治委員がおり、党の軍に対するコントロールを徹底している。指揮の観点からこれを見ると二重指揮に陥る危険性があるが、後述する習近平の抜本的な軍改革によって、政治委員の制度は不可欠な制度として温存されることになった。これは共産党による軍のコントロールがいかに重視されているかの証左でもある。

人民解放軍の特質が如実に表れたのが天安門事件（1989年）であり、軍が共産党の命令によって、民主化を求める多くの若者たちを殺害し、民主主義諸国に大きな衝撃を与えた。また、共産党の軍隊という人民解放軍の本質からは多くの問題（共産党のイデオロギーが軍事的合理性に優越する、トップダウンの傾向が強く組織の活力や創造性の欠如に直結しやすい、腐敗が連鎖しやすい）が発生する。

陸軍偏重の是正が急務だった

人民解放軍の創設（1927年）は陸軍の創設そのものであり、人民解放軍イコール陸軍であった。陸軍偏重の象徴が総参謀部である。総参謀部は陸軍司令部も兼ねていて、陸軍

16 米国防省、“Military and Security Developments Involving the People's Republic of China”

司令部が海軍司令部と空軍司令部をコントロールする組織であった。だが、習近平主席は「海洋強国」を宣言、陸軍偏重を是正し「戦って勝つ」軍を目指して、海軍、空軍、ロケット軍などを重視する大規模な軍改革を始めたばかりである。

人民解放軍の腐敗

一党独裁の共産党は腐敗しやすい組織であり、共産党の軍隊である人民解放軍も腐敗が目立つ。習近平主席の反腐敗闘争の重要なターゲットが共産党の高級幹部であり、人民解放軍の軍幹部である点がその証拠となる。人民解放軍の腐敗は組織の隅々まで根を張り、軍組織の健全性を阻害している。国防費のかなりの部分を個人や組織が流用し、本来ならば兵器の購入・整備、訓練のためにあてられるべき資金が消えてしまう現実がある。

人民解放軍の腐敗体質の原因は、かつての最高実力者である鄧小平が軍に認めた「軍独自のビジネス」にあると言われている。鄧小平は、経済成長を優先するために、国防費に充当する資金を制限した。その国防費の不足を補うために、鄧小平が中国軍の独自ビジネスを認め、結果的に軍の腐敗を助長させることになった――というものだ。

ちなみに習近平主席は、2016年に入って軍改革の一環として、軍のビジネスの大半を禁止した。[17] 甘い汁の源泉を失った人民解放軍の幹部が素直に従うか否かが注目される。

目標は「世界最強の米軍と戦って勝つ」こと

人民解放軍の軍事力整備の目標は米軍であり、世界最先端を走る「米軍に追いつき・追い越せ」がスローガンになっている。

中国は、湾岸戦争（1991）、コソボ紛争（1996〜99）、イラク戦争（2003〜11）などをつぶさに観察し、最新の科学技術がもたらした米軍の「軍事における革命（RMA）」に驚嘆し、ITの重要性を認識した。以来、米軍の兵器・戦略・作戦構想・戦術・戦法を徹底的に研究し、真似すべきと判断したものは徹底的にコピーしている。

また、世界最強の米軍との正面衝突はできるだけ避けるため、米軍に対しては非対称戦を想定している。[18] 例えば、米海軍の空母には対艦ミサイルで対処するし、世界最強の米軍を支えるC4ISRを標的にしたサイバー戦や宇宙戦などの非対称戦を想定している。

急速に実力を向上させている

人民解放軍は急速にその実力を向上させ、すでに述べたように総合力で世界第2位また

17 Bringing an end to PLA Inc., South China Morning Post, 14 April, 2016
18 「戦略学」（2013年版）、軍事科学院軍事戦略研究部

は第3位の軍事力と評価されている。一党独裁の共産党の軍隊であるために、短期間で軍事力の増強が可能となる。例えば、「海洋強国」のスローガンの下に実施されている、海軍力の増強や各種ミサイルの開発は驚異的とも言える。

2　習近平主席の人民解放軍大改革

習近平主席は、２０１５年12月31日、中国建国（１９４９年）以来、最大規模となる軍改革の断行を発表した。主席就任以来一貫して軍改革の重要性を主張してきたが、毛沢東や江沢民でさえ手をつけなかった人民解放軍の大改革に着手したのだ。

この軍改革は、既存システムを少々いじっただけの従来の軍再編に比べ、はるかに複雑かつダイナミックなものであり、この改革が成功すれば我が国にとっても人民解放軍が今以上に大きな脅威となる。逆に、軍改革が失敗すれば、習主席はその求心力を失い、責任をとって国家主席を辞任する可能性もある、きわめて政治的リスクが高い改革である。

人民解放軍の本質を理解するためにも、ここで習近平軍改革の概要を説明しよう。

習近平主席は「人民解放軍は米軍には勝てない」と思っている

習近平軍改革の最大の狙いは、人民解放軍を、「戦って勝てる軍隊」にすることである。彼は、現状の人民解放軍は米軍と戦えないし、戦っても勝てないと思っている。その原因が軍の腐敗や前近代的なソ連軍式の編制・装備などだと確信しているフシもある。

腐敗の目立つ中国軍の改革は困難を極める。下の組織になるほど腐敗体質の改善は難しい。「上に政策があれば下に対策がある」と言われる中国社会において、習主席の改革が実現できるかは、習主席がいつまで軍の最高指揮官でいられるかにかかっている。

戦って勝つための「統合作戦能力」の強化

この軍改革は、図表⑥及び図表⑦に示すとおり、中央軍事委員会とその直属組織、軍種及び戦区に至る大規模な改革である。

改革の目的は、中国共産党の軍に対する監督を強化し、五つのドメイン＝作戦領域（陸・海・空・宇宙・サイバー空間）における中国軍の統合作戦能力を強化する点にある。この中国の新しい指揮・統制組織を、米軍の指揮系統を「大統領→国防長官→各統合軍司令官」という流れに再編した「ゴールドウォーター・ニコルズ法」になぞらえて、「中国版ゴールドウォーター・ニコルズだ」と形容する米国の研究機関もある。

たしかに中国軍の改革は、米軍の統合作戦の模倣が出発点である。つまり、統合作戦を

図表⑥　軍改革前の人民解放軍の組織図

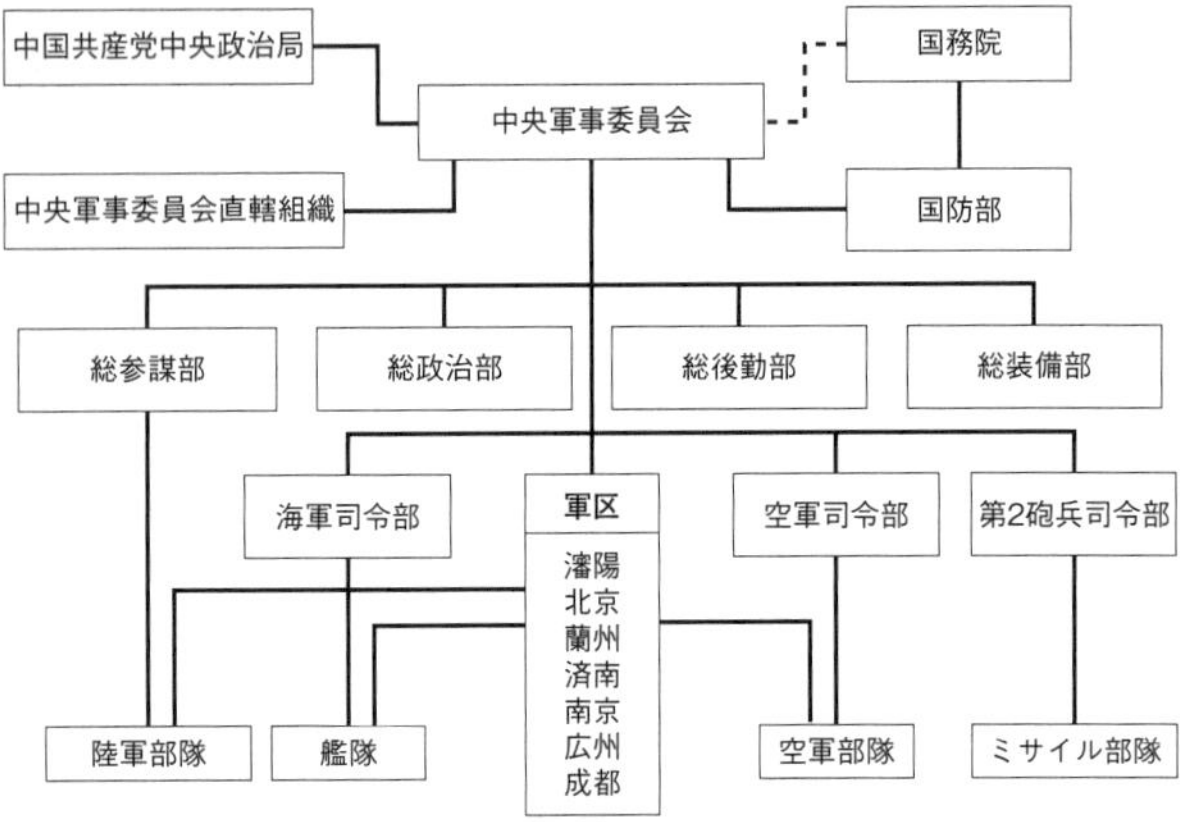

出典：China's Goldwater-Nichols ? Assessing PLA Organizational Reforms[19]

図表⑦　軍改革後の人民解放軍の組織図

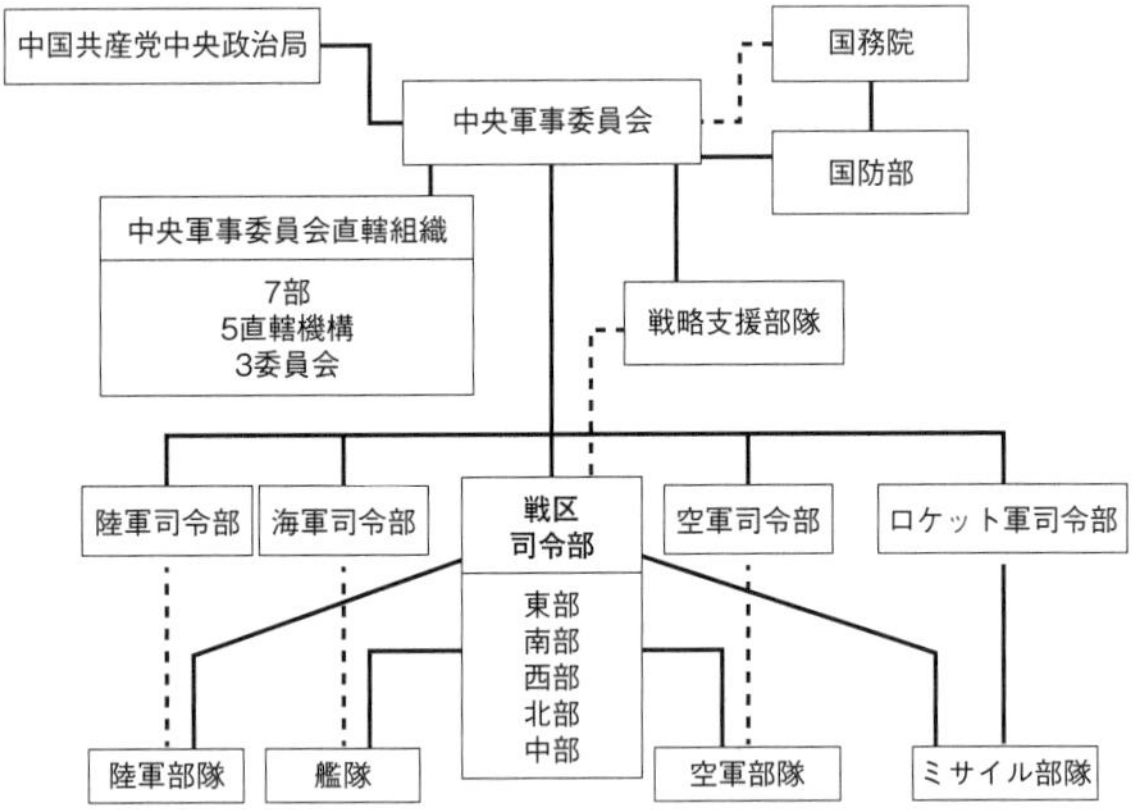

出典：China's Goldwater-Nichols ? Assessing PLA Organizational Reforms

重視し、戦区司令官はすべての軍種から提供される部隊を戦力化して統合運用する責任を負う、という点において米軍を模倣している。ただし、中国軍における政治委員の制度を温存したために、「中国共産党の軍隊」であるという本質に変化はない。

改革は、短期的な混乱を予期しつつも、長期的にはより効果的な統合作戦を遂行する能力の向上を企図している。改革成功のためには、改革に対する抵抗、陸軍による支配の継続、軍種間の競争などの障害を克服する必要があるが、前途は多難といえる。

ロケット軍の創設——軍種レベルの変更

人民解放軍は、2015年12月31日以前は図表⑥のとおり、陸・海・空の3軍種と第2砲兵（2nd Artillery Corps）[20]で編制されていた。ただし改革以前の陸軍司令部は総参謀部（General Staff Department）そのものであり、海軍司令部と空軍司令部の上位に位置し、中国軍における陸軍優位を如実に示していた。習近平主席は、この陸軍優位体制を問題視し、その是正が今回の軍改革の目的の一つであった。現代戦における統合作戦やクロス・

19 Phillip C. Saunders, Joel Wuthnow, "China's Goldwater-Nichols ? Assessing PLA Organizational Reforms", INSS

20 第2砲兵は、陸・海・空軍と同列の軍種ではなく、軍種の中の職種（例えば歩兵など）の扱いであった。

ドメイン作戦の重要性を考えると、陸軍優先の是正は自然な流れである。今回の軍改革で陸軍偏重主義は排除されたが、当然ながら既得権益を奪われた陸軍将兵の不満は大きい。

12月31日の軍改革に関する発表は、さきほどの図表⑥⑦に示す軍種レベルの変更に関するものであり、陸軍司令部、ロケット軍、戦略支援部隊[21]が新設された。

今回の改革において第2砲兵がロケット軍となり、図表⑦が示すように、陸・海・空軍と同列の軍種となった。習近平主席は、ロケット軍について、「中国の戦略抑止の中核であり、国防の礎である」と発言している。新設されたロケット軍は、すべて（地上発射、海上・海中発射、空中発射）の核及び通常弾頭の戦略ミサイルを担当する。

新設された戦略支援部隊は要注目の存在であり、現代戦に不可欠なサイバー戦、電子戦、宇宙戦を担当する部隊であろうという見方が多い。戦略支援部隊は、第2砲兵と同様に独立した職種だが、陸・海・空・ロケット軍と同列の軍種ではなく、中央軍事委員会の直轄で国内の「戦区（Theater Command）」を支援する部隊である。戦区とは、中国を五つの地域に分けたものだが、単なる地域であるだけでなく、戦域統合作戦指揮司令部が置かれている（「戦区」については後述する）。

一部の専門家の解釈では、陸軍、海軍、空軍、ロケット軍、戦略支援部隊を総称して5大軍種としているが、図表⑦でも明らかなように、戦略支援部隊は、陸軍、海軍、空軍、ロケット軍の4軍種とは違う位置づけであり、5大軍種という表現は適切ではない。
いずれにせよ、戦略支援部隊がサイバー戦、電子戦、宇宙戦を担当する部隊であれば、非常に重要な部隊であり、今後の動向が大いに注目される。

参謀組織の変更

さらに、翌2016年1月11日の発表では、中央軍事委員会直属だった総参謀部（作戦、訓練、動員、情報を担当）、総政治部（政治思想教育、人事などを担当）、総後勤部（補給、輸送、衛生、財務などを担当）、総装備部（装備品の開発・調達、宇宙開発を担当）の4総部を廃止し、新たに連合参謀部、政治工作部、装備発展部など15の部門を新設した。

図表⑧が示すように、中央軍事委員会の直属組織である4総部が7部、5直轄機構、3委員会の15個もの部門になった。新組織の7部（庁）の中に連合参謀部、政治工作部、後勤保障部、装備発展部が入っており、その名称から旧4総部の機能が継承されていると思われる。旧4総部では陸軍の影響力があまりにも強く、陸軍優先主義を排除した結果、中央軍事委員会が直接15部門を指揮することになったと解釈できる。その上で図表⑦を見る

21 Strategic Support Force

図表⑧　中央軍事委員会直属の参謀組織（新）

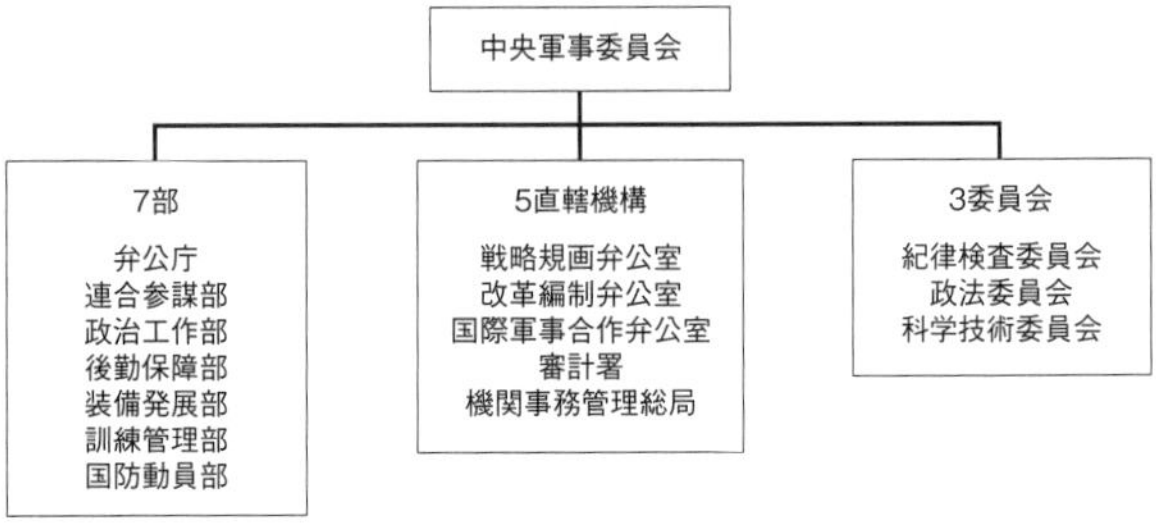

出典：各種情報から筆者が作成

と、中央軍事委員会が直接、陸・海・空・ロケット軍・戦区を統合的に指揮することになったことも分かる。明らかに中央軍事委員会の役割は強化されたが、負担が大きくなったことも明らかである。

また、陸軍の影響を排除する意図は理解できるが、一見して組織が複雑になっていて、とても組織の簡素化には見えない。新組織が指揮の簡素化、効率化、柔軟性強化になっているか否かは今後の分析の焦点である。

米軍を真似た統合作戦システム

さらに習主席は、腐敗の温床とされていた軍区制度の変更に関する発表を２０１６年２月１日に実施した。軍区とは、かつて７個（瀋陽、北京、蘭州、済南、南京、広州、成都）存在していたが、この７軍区を５個の戦区（東部、南部、西部、北部、中部）に改編することになった。各戦区には戦域統合作戦指揮司令部が置かれているが、各戦区の境界は流動的で、戦区外へ向けた戦力の展開に重点が置かれているという。各戦区司令官は、米軍の地域統合軍司令官（例えば太平洋軍司令官）のように、戦区内の陸・海・空軍とミサイル部隊に対し、より直接的な指揮権を保持することになった。[22]つまり、米軍の統合組織を真似た戦区を新編することで、戦区レベルでの統合作戦を追求したのである。

統合作戦を指揮する部署が戦区と中央軍事委の直属中央組織の両方に設置されれば、統合作戦の面で大きな前進となるが、こうした統合作戦指揮機構が上手く機能するか否かは微妙なところだ。米軍の統合作戦の試みは前出のゴールドウォーター・ニコルズ法が制定された１９８６年から30年を経過しても改善の余地が残っている。統合作戦は、一朝一夕に達成されるものではなく、中国軍においても数十年の期間が必要になるであろう。

また、軍区制度の見直しの問題は、人事との関係でも注目される。軍区を戦区とし、陸・海・空・ロケットの統合組織にすれば、その戦区司令官は陸軍の将官である必要はない。適材適所で陸・海・空・ロケットいずれかの軍種の将官をあてればいい話である。しかし、実際には習主席が妥協し、すべての戦区司令官には陸軍の将官が任命された。今回の人事は暫定的なものであり、今後は、陸軍を含む各軍種間の激しい競争が予想される。

22 Jeremy Page, Wall Street Journal, April 27, 2016

図表⑨　中国軍の5戦区

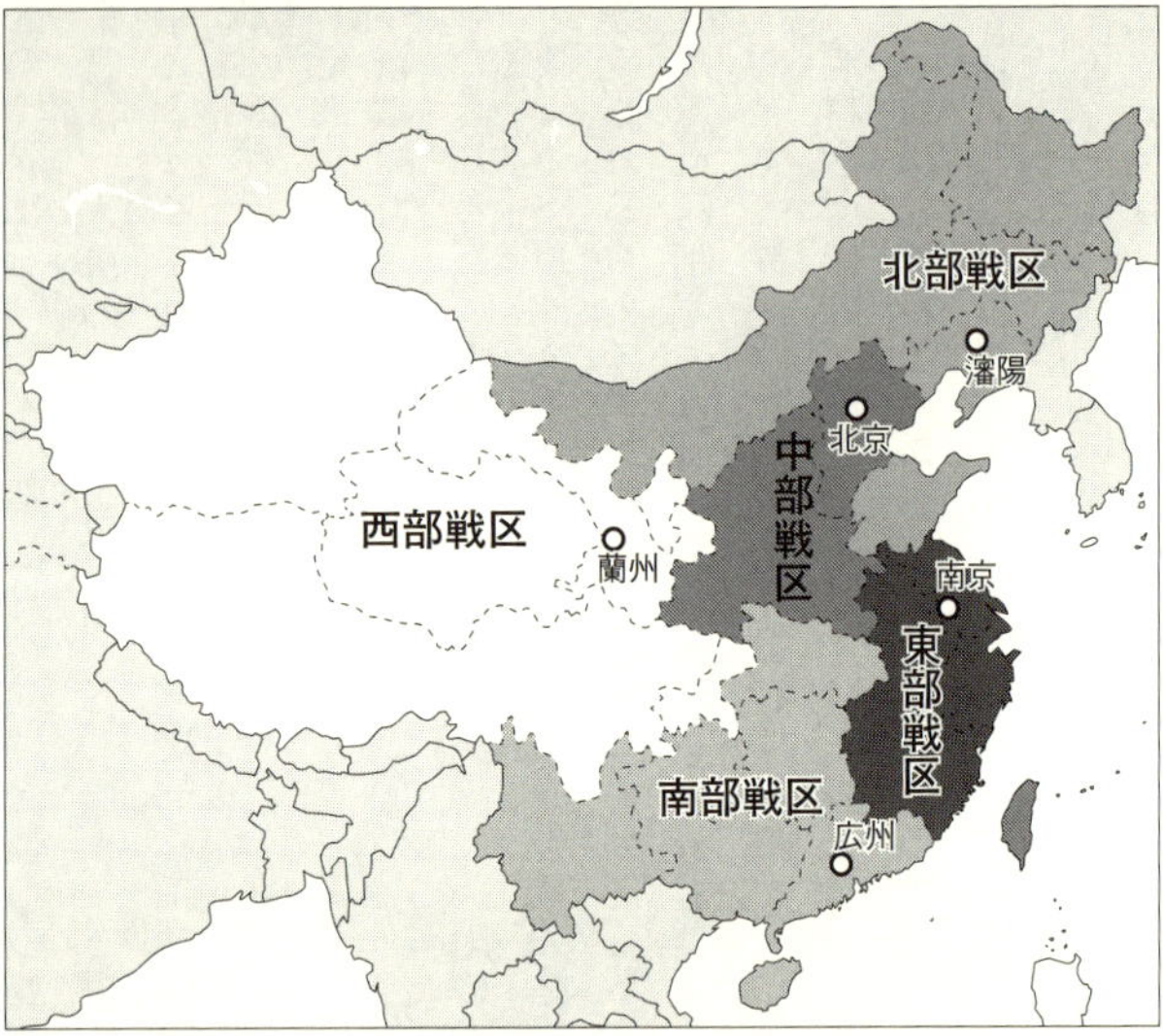

出典：Wikipedia, "The PLA's New Organizational Structure"[23]

さらに、習主席は9月の軍事パレードで230万人から200万人への兵員削減を宣言したが、削減の対象は陸軍や非戦闘組織（音楽隊など）が主となり、それも地方組織からの削減が主となるであろう。既得権益を持つ地方組織の抵抗が当然予想される。

軍改革に対する筆者の評価

今回の軍改革の狙いを推測すると以下の3点に集約される。①米軍の統合運用方式を採用し、真に戦い勝利することのできる現代軍にする。②軍内部における陸軍優先主義を排除し、中央軍事委員会の影響力を強化する。③軍内部の江沢民派などに対する権力闘争に勝利し、習近平主席の権力基盤をより確実にする。

以下、個々の狙いについて評価する。

①米軍方式を採用し、真に戦い勝利することのできる現代軍にする

今回の軍改革の大きな特徴は、60年以上続いてきた旧ソ連軍方式から米軍方式への転換であるとされている。なぜ、米軍方式なのか。軍幹部の一人、劉亜洲上将は、その著書（『精神』）で「ライバルで強軍である米軍の長所を吸収するため」と明かしている。[24]

むろん、問題がないわけではない。「共産党の軍への関与」に関しては、政治委員制度は今回の改革でも絶対に妥協できない一点とされて変化がない。中国軍はその創設以来共産党の指導下にあり、共産党の軍に対する指導制度が厳然として中国軍の組織内にある。

それが政治委員制度である。政治委員制度では、軍内の監視・監督の任務を有する政治委員が配置されている。軍に軍人の指揮官と政治委員という二人の指揮官が存在する軍内二元指揮制度が今回の軍改革でも温存されたが、この制度はソ連軍方式であり、米軍方式

23　Kenneth W. Allen, Dennis J. Blasko, John F. Corbett, Jr., "The PLA's New Organizational Structure: What is Known, Unknown and Speculation, Parts 1 & 2"

24　http://www.epochtimes.jp/2015/12/24834.html

ではない。共産党と人民解放軍指揮官との二重指揮の問題は何も解決されておらず、ソ連軍方式から米軍方式への転換は本質的な点でなされていない。つまり、最も重要な点に関しては何も変わっていない。ここに習近平軍改革の限界がある。

米軍では任務指揮（mission command）が重視され、第一線の指揮官に指揮を任せることが重視される。任務指揮では、各レベルの指揮官は与えられた任務に基づき部隊を指揮する。任務指揮の優れている点は、現場の指揮官が、上司から「あれをしろこれをしろ」と細かすぎる命令を受けることなく、自らの判断により、自主積極的かつ迅速的確に部隊を指揮できる点にある。中国軍のように共産党の指導が作戦・訓練・人事・兵站などあらゆる分野に及ぶと、きわめて硬直的な意思決定と行動しかできない恐れがある。現代戦においては現場の状況に応じた迅速な意思決定と行動が要求される。この点、中国軍の政治委員制度に伴う二重指揮の問題は、現代戦において致命的な問題となる。結論的には中国軍は米軍と同等の現代軍にはなれない。

②陸軍優先主義の排除と中央軍事委員会の影響力の強化

陸軍が支配していた4総部を改編することで陸軍優先主義を排除し、中央軍事委員会の影響力を強化することは、統合作戦の遂行にとって重要であり、習主席の権力基盤の強化にも直結する。問題は、陸軍優先主義の排除が末端レベルまで達成されるか否かである。

戦区における陸軍優先主義が排除できるか否かが問われるであろう。

③軍改革による習近平主席の権力基盤の強化

習近平主席は、主席就任以来一貫して軍改革の重要性を主張してきたが、毛沢東や江沢民でさえ手をつけなかった軍の大改革に着手した意味は大きい。習主席は、自分の息のかかった軍人を要職に就けることで、自らの権力基盤の強化を企図している。当然ながら抵抗も強い。とくに、影響力を削がれる陸軍を筆頭に既得権益を守りたいグループの根強い抵抗があると報じられている。習主席は、その抵抗に対して、「改革に反対する者は軍の発展に反対するに等しい、退任してもらうしかない」と譲らない姿勢を見せている。

腐敗した中国軍の改革は困難を極める。軍所有の土地や施設の賃貸、新聞の発行、ホテルやレストランの経営、軍の病院を民間人にも開放することによる診療収入の確保などのビジネスを展開してきた。このビジネスが軍腐敗の原因であり、習主席は今回の軍改革の一環として軍のビジネスの大半を禁止した。[25] 今後、習近平政権と陸軍を筆頭とする軍の抵抗勢力との関係がどう推移するかが重要な指標となる。いずれにせよ、中国軍の改革を通じた権力基盤の強化にはまだまだ時間がかかると予想する。

25 Bringing an end to PLA Inc., South China Morning Post, 14 April, 2016

3　人民解放軍の発展の歴史

１９２７年に誕生した人民解放軍は、中華人民共和国の建国（１９４９年）以降、ソ連製の兵器を使用し、ソ連式の訓練を実施していた。この時代は中ソの蜜月の時代であり、中国軍はソ連式の軍隊であった。だが、中ソ対立の時代が始まり、ソ連は１９６０年、中国に対する経済・軍事支援を打ち切ってしまう。以後の中国は、軍事的には孤立した20年間を経験することになる。

転換点は権力者の死去だった。毛沢東が１９７６年に死亡し、鄧小平が実権を握ると、彼は改革開放政策を推進し、西側諸国との関係改善と市場経済の一部導入を徐々に進めていく。中国は、この改革開放政策により、西側の市場、技術、兵器にアクセスすることができるようになった。また、鄧小平は、軍事力の増強よりも経済発展を重視し、中国軍の人員数を１９７８年の４３０万人から１９８９年には３００万人に削減する。

中国は、１９８９年の東西冷戦終結、１９９１年のソビエト連邦解体を受け大きな試練を迎えることになる。特に、１９８９年の天安門事件において、中国軍は民主化を求める学生らに対する無慈悲な鎮圧行動を実行した。国民の軍隊ではなく共産党の軍隊である本質を如実に証明した瞬間であった。しかし、鄧小平の改革開放路線は中国の経済的発展をもたらし、結果として、中国軍が急速に戦力を増強する素地が出来上がっていった。

台湾海峡では米軍に〝完敗〟

1991年に生起した第一次湾岸戦争は、中国軍の作戦構想に大きな影響を与えることになる。中国軍が注目したのは、米軍の統合作戦や巡航ミサイル「トマホーク」などの精密誘導兵器の活躍に代表されるハイテク戦争の威力であった。中国軍は、米軍に倣《なら》い精密誘導兵器の開発・取得を重視する。また、湾岸戦争での米軍の作戦を徹底的に研究した中国軍は、その作戦構想として、1993年に「ハイテク環境下における局地戦争」を発表し、1990年代末にはさらにそれを発展させた「情報環境下における局地戦争」という構想を打ち出した。

1996年の台湾海峡危機も中国軍に大きな衝撃を与えた。この年に台湾で行われた総統選挙で、台湾独立派の李登輝氏の勝利に反対する中国は「ミサイル試験」と称して台湾海峡でミサイル発射を実施、さらには海軍演習を繰り返し行うなどして台湾に脅しをかけた。この中国の軍事的行動に対し、米国は空母2隻（インディペンデンス、ニミッツ）からなる空母打撃群（米海軍の戦闘部隊の一つ。空母・艦載機・護衛艦・潜水艦などで構成される）を台湾海峡に派遣、中国軍の動きを牽制した。中国軍は、2個の空母打撃群がどこにいるかさえ分からず、米海軍の実力を前にして、それ以上の挑発的行為を慎んだ。中国軍は、改めて米軍との実力の差を認識し、その差を埋めるべく翌年から大幅な国防費の増大に乗り出したのである。そのため、1996年から2015年の間に、中国の国防費は620%の大幅な上昇を遂げた。

軍事力の整備に際し重視したのが「情報化」と「非接触戦争」だ。「情報化」とは、最新の情報技術(IT)をC4ISR(指揮・統制・通信・コンピュータ・情報・監視・偵察)、ターゲティング(目標の標定)、兵站などあらゆる分野に応用すること。「非接触戦争」とは、敵の防御圏の外側から長距離の精密打撃により敵を撃破する戦い方だ。いずれも米軍の作戦から学んだものである。その結果、米軍がA2/AD(接近阻止/領域拒否)と呼ぶ能力が誕生したのだった。

4 陸軍——依然として軍の主力

陸軍は、人員160万人、戦車等7300両を誇る世界最大の陸上戦力である。陸軍は1927年に国民党の打倒を目的として共産党が創設して以来の中国軍の主力であった。

だが、最近は海軍、空軍、ロケット軍の躍進に比較して陸軍への風当たりは厳しく、人員削減の主たる対象になっている。

　とはいえ、陸軍は、いまだに中国軍の中で最大の人員数を誇る軍種だ。チベットや新疆ウイグルで発生する大暴動の鎮圧をはじめ、広大な中国全土の治安維持には陸軍が不可欠な存在だからだ。

注目される特殊作戦部隊

　陸軍の特殊作戦部隊は現代戦において不可欠な存在である。米軍は、2001年に発生した9・11同時多発テロ以降、今日にいたるまで15年にわたって対テロ戦争を実施しているが、対テロ戦争の主役は特殊部隊だ。現代戦において特殊部隊の存在なくして効果的な作戦はできない。特殊部隊は、一般の部隊よりも精強であり、中国軍の特殊部隊も選抜された精鋭により構成されている。

　中国では1990年代半ばまでに10万人の迅速反応部隊（RRU：Rapid Reaction Units）を整備してきた。これらの部隊は、国内の暴動対処のみならず国内外の地域紛争に迅速に対処するために整備されてきたが、1990年代末までに30万人にまで急増強された。その結果、陸軍の師団のみならず、空軍の空挺部隊、海軍所属の海兵部隊を含めた新しい迅速

図表⑩　陸軍の配置（軍改革前）

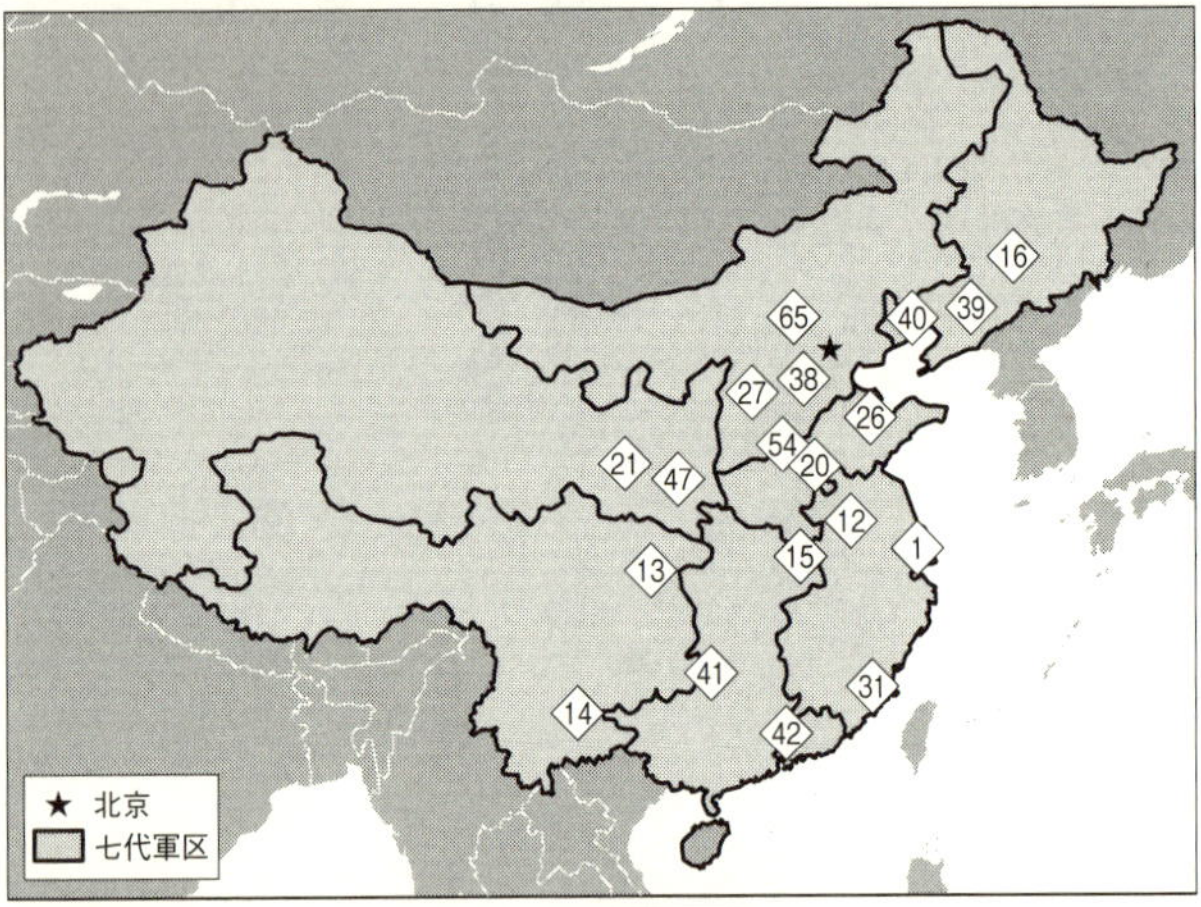

瀋陽軍区

第16集団軍：防御、攻撃特殊地形
第39集団軍：迅速反応部隊、攻撃機動部隊
第40集団軍：防御、攻撃特殊地形

北京軍区

第65集団軍：防御
第38集団軍：迅速反応部隊、攻撃機動部隊
第27集団軍：防御

済南軍区

第26集団軍：攻撃特殊地形、防御
第20集団軍：攻撃特殊地形、防御
第54集団軍：攻撃機動部隊、両用戦

南京軍区

第1集団軍：両用戦、攻撃特殊地形
第12集団軍：両用戦、攻撃特殊地形
第31集団軍：両用戦、攻撃特殊地形

広州軍区

第15空挺部隊：迅速反応部隊、攻撃機動部隊
第41集団軍：攻撃特殊地形、両用戦
第42集団軍：両用戦

成都軍区

第13集団軍：防御、攻撃特殊地形
第14集団軍：防御、攻撃特殊地形

蘭州軍区

第47集団軍：防御、攻撃特殊地形
第21集団軍：攻撃機動部隊、防御

出典：米国防省による、「中国の軍事力に関する年次報告書」（2016年版）

反応部隊が編制されたのだ。

精鋭の特殊部隊の中でもとくに注目されるのが空軍所属の空降兵第15軍（15th Airborne Corps）だ。3個師団のうち1個師団が48時間以内に中国国内のあらゆる場所に派遣可能で、実際に1988年には1万の空挺師団がチベットに48時間以内に派遣されている。第15軍の国内任務に関しては、「北京及びその近郊で起きた大規模なテロやそれに類する攻撃への対処」、「中南海や政権中枢で発生した武力政変などの混乱への対処」、「首都の安全と防衛を任務とする北京軍区に対して牽制する役割」であるという。[26] 現在、空降兵第15軍の任務には、敵第一線部隊の後方に存在する重要目標（空港、通信施設、電力等の重要インフラなど）に対する先制攻撃も含まれると推定されている。[27]

5　海軍——野望は海洋強国[28]

海軍は、艦艇870隻（147万トン）、駆逐艦・フリゲート艦70隻、潜水艦60隻を保有し、さらに海兵隊（1万人）もその隷下部隊に持つ、アジアで最大の海軍である。海軍の

26 富坂聰、『中国人民解放軍の内幕』、P141、文春新書
27 You Ji,“The Armed Forces of China”

主要任務は近海防衛（near sea defense）であるが、第1列島線の外側での遠海防護（far sea protection）の任務へと徐々にシフトしつつある。

着々と進む潜水艦のアップグレード

中国海軍の近代的兵器の取得は、ディーゼル潜水艦、大型の水上艦艇、世界最速の対艦ミサイルなどが主体となっている。12隻のキロ級潜水艦（ロシア製で非常に静粛なキロ級６３６型10隻を含む）、25隻の中国製の宗《ソン》級と元《ユアン》級の潜水艦を取得したが、魚雷しか装備していなかった古い潜水艦と異なり、新型の宗級、元級潜水艦は対艦巡航ミサイル（ＡＳＣＭ）を装備している。8隻のキロ級潜水艦は２００kmという長射程の超音速ＡＳＣＭを装備している。２００６年に就役した元級潜水艦は、ＡＩＰ（非大気依存推進air independent propulsion）システム[29]を採用し、長期間の潜航が可能で相手から発見されにくい。さらには、2隻の０９３型（商《シャン》級）原子力攻撃型潜水艦を導入した。4隻の改良型商級潜水艦取得も予定されており、技術的に問題のある漢《ハン》級潜水艦を代替することになる。

中国軍は、新世代の弾道ミサイル原子力潜水艦（ＳＳＢＮ）である０９４型（晋《ジン》級）が、潜水艦発射弾道ミサイル（ＳＬＢＭ）であるＪＬ－２（核弾頭・射程７２００km）を保有することで、初めて海をベースとする信頼できる抑止力を保有、相手国の先制核攻撃に対する脆

図表⑪　中国軍及びロシア軍の潜水艦の静粛性

中国及びロシア潜水艦の発見の難易

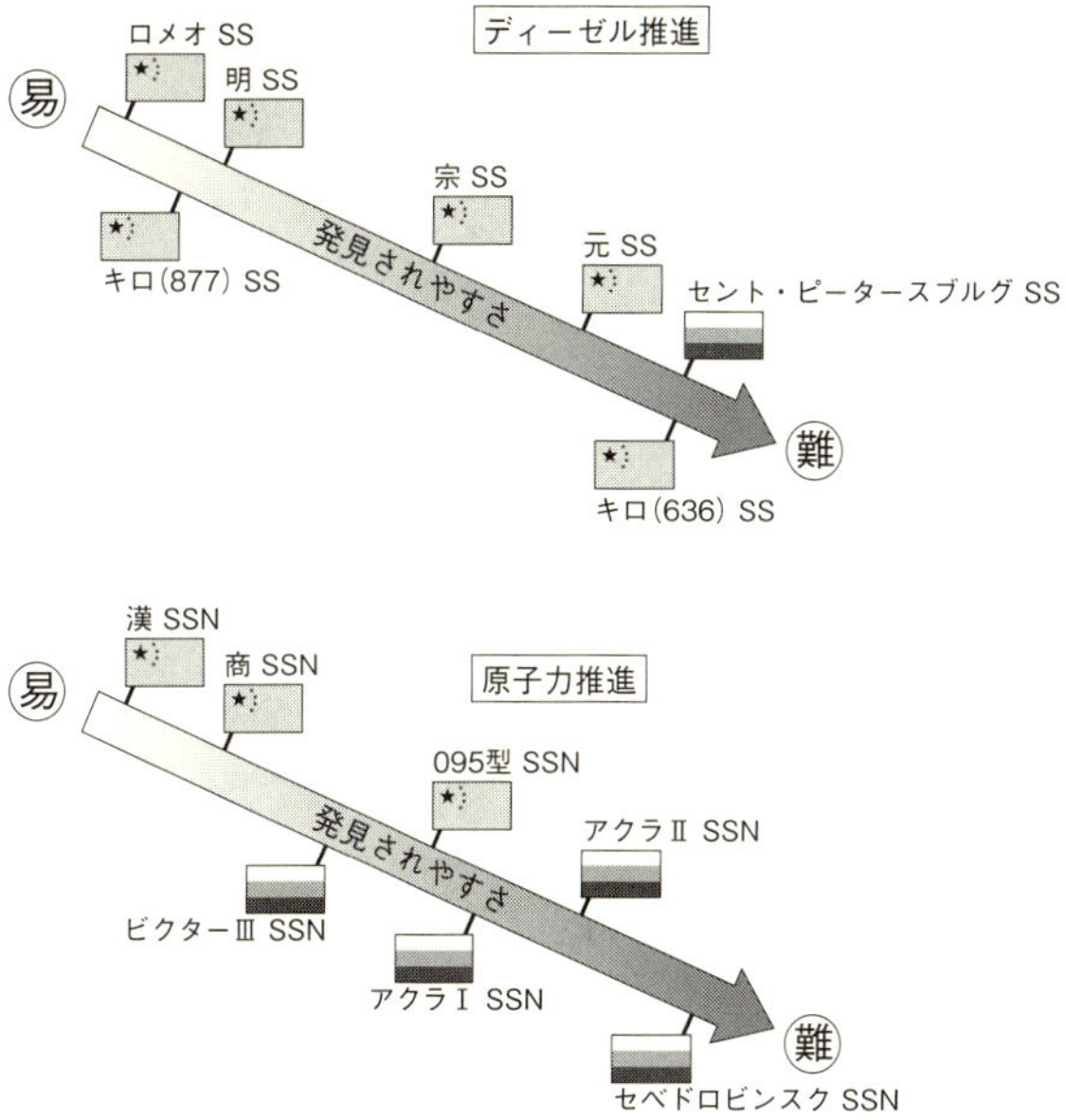

出典：米海軍情報局の「2009年人民解放軍海軍」
注：SS（攻撃型／哨戒潜水艦）、SSN（原子力攻撃型潜水艦）

弱性を大幅に削減できるようになった。なお、SSBNによる初めての核抑止パトロールが2016年中には実施されると推定されている。

今後10年以内に、095型誘導ミサイル原子力攻撃型潜水艦（SSGN）を導入する予定だが、静粛性に優れ、対艦能力のある魚雷とASCMを装備し、対地攻撃能力も有する。

図表⑪は、中国とロシアの潜水艦の静粛性を示す図だ。中国の潜水艦は静粛性の点ではロシア製潜水艦に劣るものの、キロ級の636型SSは静粛性に優れている。

中国海軍の弱点――対潜水艦戦

このように中国海軍の潜水艦の能力は逐次向上しているが、敵の潜水艦を攻撃する能力――いわゆる対潜水艦戦（ASW）能力に関しては著しく低く、これは海上自衛隊や米海軍の潜水艦が東シナ海や南シナ海で比較的自由に活動できる大きな要因となっている。海上自衛隊の場合は、優秀な対潜哨戒能力を有するP-3CやP-1を80機保有し、さらに対潜哨戒ヘリであるSH-60Kも保有する世界一流の対潜哨戒能力を誇る。これに対して中国海軍は、P-3Cと似た大型の哨戒機をわずか4機持っているのみで、対潜哨戒ヘリZ-9C／DやZ-18Fを保有しているものの、エンジン性能が低く、航続距離も短く、対潜哨戒ヘリとしての能力は低い。また、中国の水上艦艇で可変深度ソナー（VDS）[30]や戦術曳航式ソナーを装備している艦艇は少なく、水上艦艇のASW能力も低いと言わざるを得ない。

さらに中国の潜水艦は、米軍が保有する音響監視システム（SOSUS）[31]などの、広域にわたる潜水艦探知網によってその位置を常に監視されているが、逆に中国海軍はSOSU

Sのような水中センサーをごく一部しか整備していない。

水上艦艇

中国は、水上艦艇も近代化させており、100kmの射程を持つ地対空ミサイルSAM（HQ-9）を装備した8隻の近代的な駆逐艦を2004年から随時就役させる予定である。ルーヤンII（Type-52C）級ミサイル駆逐艦とルーヤンIII（Type-52D）級ミサイル駆逐艦はこのHQ-9を装備し、ルーヂョウ（Type-51C）級駆逐艦は対空ミサイルS-300を装備する。これらの対空ミサイルは、敵の航空機や対艦巡航ミサイルの攻撃から自国の艦隊を防護する能力を持つ。

また、ほぼすべての主要水上艦艇は、対艦巡航ミサイルを装備する。5隻のルーヤンII級駆逐艦は280kmの射程を持つYJ-62を、ルーヤンIII級駆逐艦は新型の垂直発射で射程178kmのYJ-18超音速の対艦巡航ミサイル（ASCM）をそれぞれ搭載している。

28 中国海軍に関する記述は、主として米国防省の年次報告書とランドの軍事スコアカードを参考にしている。
29 ディーゼル機関を動かすために必要な酸素を取り込むために浮上もしくはシュノーケル航走をせずに潜水艦を潜航させることを可能にする技術の総称。海上自衛隊のそうりゅう型潜水艦もAIPを導入している。
30 VDS：Variable Depth Sonar
31 SOSUS：Sound Surveillance System

図表⑫　人民解放軍海軍の配置と艦艇数

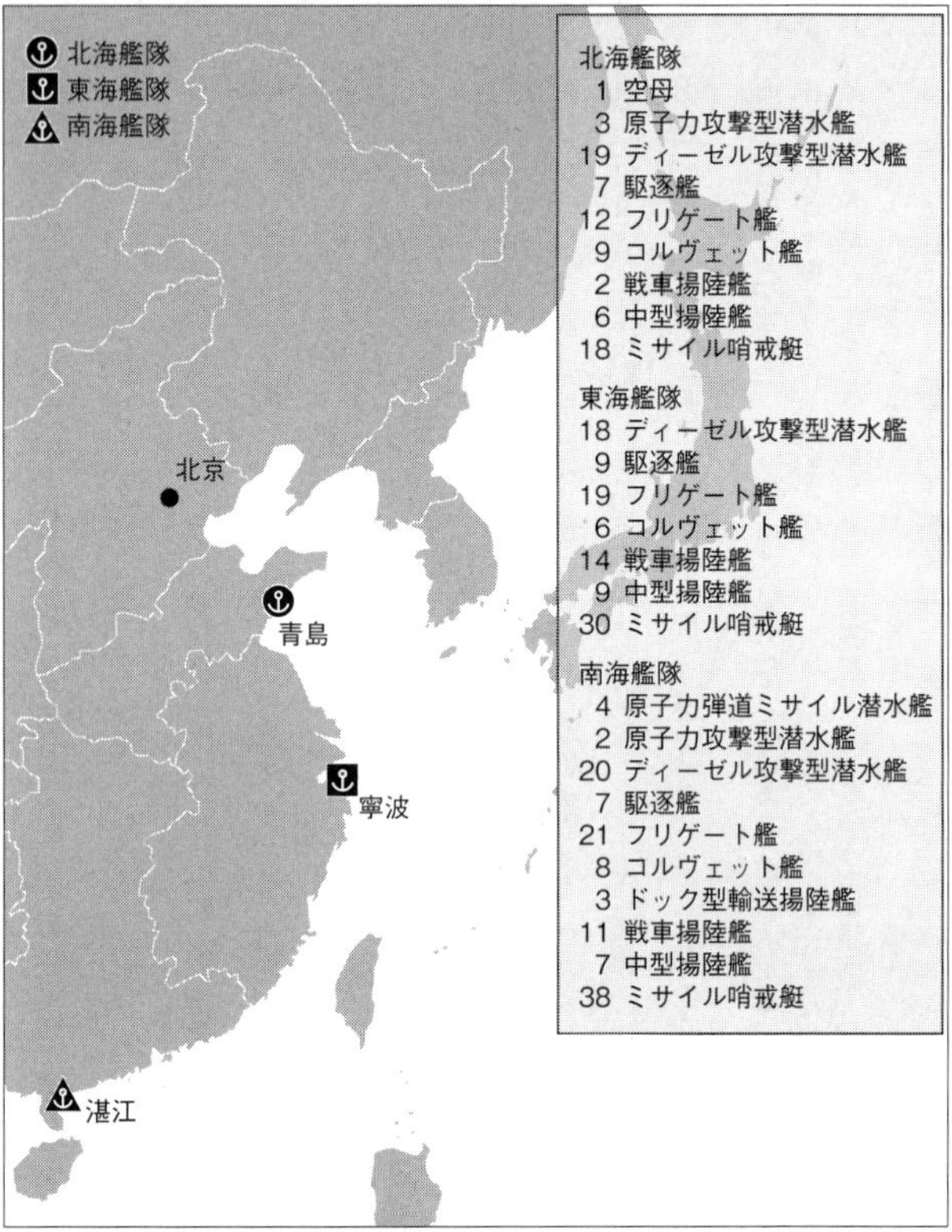

出典：米国防省による、「中国の軍事力に関する年次報告書」(2016年版)

1999年と2006年にロシアから購入されたソブレメンヌイ級駆逐艦は、射距離160kmから240kmの長距離ASCMを搭載している。同じく、海軍の航空機もYJ-83Kなどの長距離ASCMを搭載している。

明らかに中国海軍の水上艦艇は、長足の進歩を遂げている。2003年時点では、近代的で攻撃及び防御能力のある艦船と評価されているのは駆逐艦14%、フリゲート艦24%に過ぎなかったが、2015年にはそれぞれ65%と69%に急速な近代化を遂げている。

6 空軍——〝空天網一体〟を目指す

空軍のかつてのスローガンは、「空天一体」「攻防兼備」の空軍の建設——であったが、軍事科学院の「戦略学」（2013年版）によると、「空天網一体」（空・宇宙・サイバー空間での作戦の一体化）を主張している。つまり、従来の空のドメインにおける作戦と、宇宙戦、サイバー・電子戦を密接に連携させようということになる。この主張は、きわめて本質的な主張であり、中国空軍を侮ることができない一つの証左だ。わが航空自衛隊は、ここまでは言っていない。

中国空軍は、作戦機2620機を保有しているが、その大部分は第3世代機（J-7やJ

－8など）以前の古い作戦機である。しかし今や、第4世代の戦闘機が主力になっており、現在、第4世代機731機を保有している。その内訳はJ－10が294機、Su－27／J－11が340機、Su－30が97機である。

第4世代機については、ロシアからSu－27（F－15に対抗する優れた格闘性能や航続距離の長さを誇るロシアのベストセラー戦闘機）及びSu－30（Su－27を発展させた複座多用途戦闘機）を購入する一方で、国産のJ－10をイスラエルに協力してもらう形で開発・製造した。J－10は、2014年末までに294機生産している。中国の第4世代機の主力であるJ－11は、Su－27をライセンス生産したもので105機保有している。さらにJ－11Bを170機保有しているが、これはSu－27SKをロシアの許可なくコピーし改善したものであり、J－11の改善型だ。

このほか、ロシアの最新鋭機であるSu－35を合計24機購入する契約を結び、2016年中に4機を取得する予定である。中国は当初、Su－35を少数機のみ購入してコピーしようという思惑があったが、ロシアの抵抗により、締結した契約書にはリバース・エンジニアリング禁止の条項があり、中国側のコピーには多額の違約金が科せられるという。ちなみに中国は、Su－35の117Sエンジンを大量に購入し、J－20に搭載しようという思惑を抱いている。

第5世代機開発の試みについても概要について触れておきたい。
ステルス機もどきのJ-20は、F-22に似たひし形の機首断面を有し、F-35に似たエアインテーク（エンジンの空気取り入れ口）を採用し、前方のみステルス性は備えているものの、十分とは言えない。また、機体が大きすぎ、重すぎ、エンジン出力も低いため速度性能が低い。

J-31は米軍の第5世代機のF-22やF-35に似ており、両者をコピーした可能性がある。ただしJ-31のエンジンではパワー不足で、旋回時にアフターバーナーを焚《た》かなければ高度を維持できない。総じて中国のコピー機には優れたエンジンが不足している。

J-20やJ-31を第5世代機と宣伝したところで、アクティブ電子走査アレイ（AESA）[32]レーダーという高性能のレーダーを搭載していなければ第5世代の基準に到達したとは言えない。日本はAESAレーダーを世界で初めてF-2に搭載している。新旧の航空機には最新のレーダー誘導ミサイルを搭載でき、長距離からの射撃が可能である。

最後に中国の空対地及び地対空ミサイルについても簡潔に述べておく。国産のレーザー

32　AESA：Active Electronically Scanned Array アクティブ電子走査アレイ。通常のレーダーであれば索敵のためにレーダーを回転させなければいけないが、AESAではレーダーを回転させることなく電子的な制御により走査が可能。

図表⑬　人民解放軍空軍の配置と航空機数

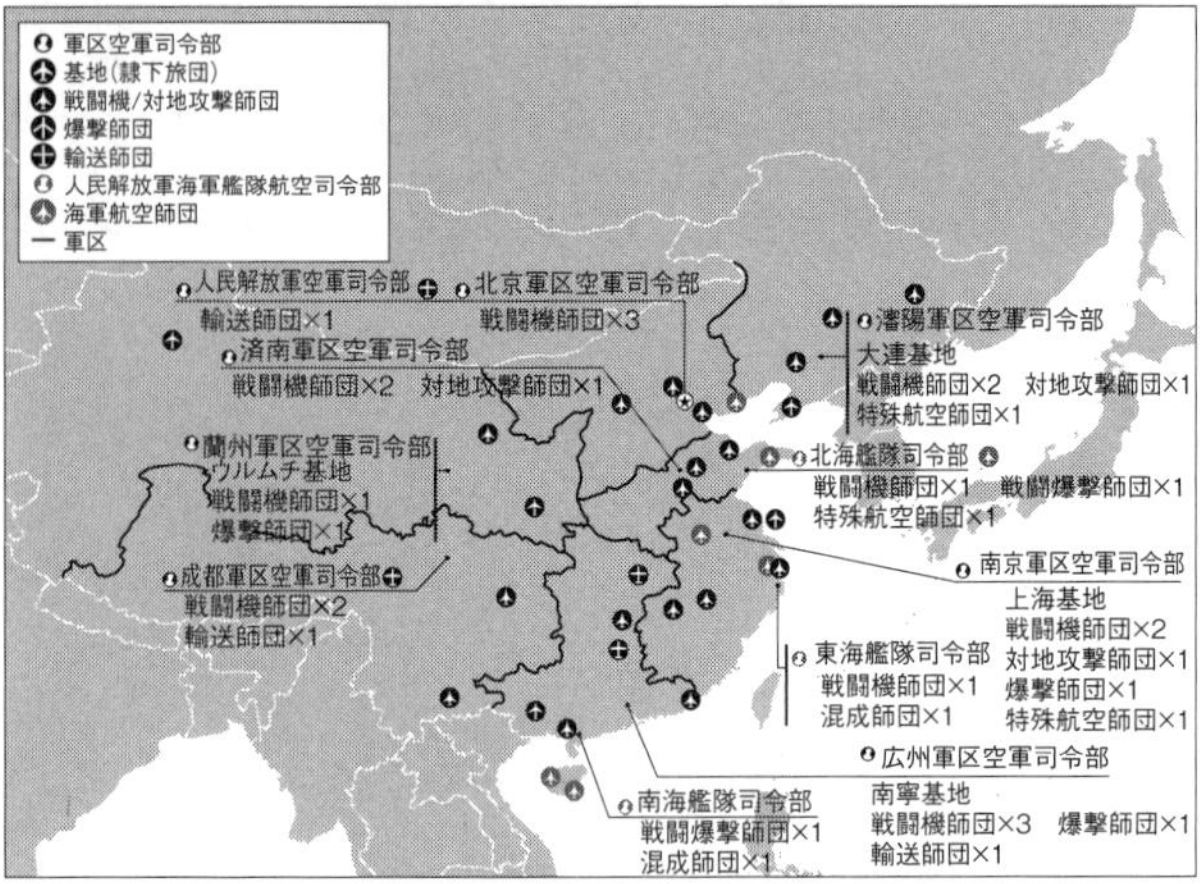

出典：米国防省による、「中国の軍事力に関する年次報告書」（2016年版）

誘導と衛星誘導の爆弾、高速対レーダーミサイル及び射距離１００kmの空中発射巡航ミサイル（ＡＬＣＭ）がある。

長射程の地対空ミサイル（ＳＡＭ）をロシアから購入し、１００kmから２００kmの射距離を有するＳＡＭの40個中隊を保有する。２０１５年時点で、中国が開発したＳＡＭの16個中隊を保有する。合計で９００基の長射程ＳＡＭを保有し、対空能力を高めている。

7　躍進著しいロケット軍

前述のとおり、中国のロケット軍は、それまで「第２砲兵」と呼ばれていた部隊が、習近平の軍改革によって

図表⑭　ロケット軍の弾道ミサイル

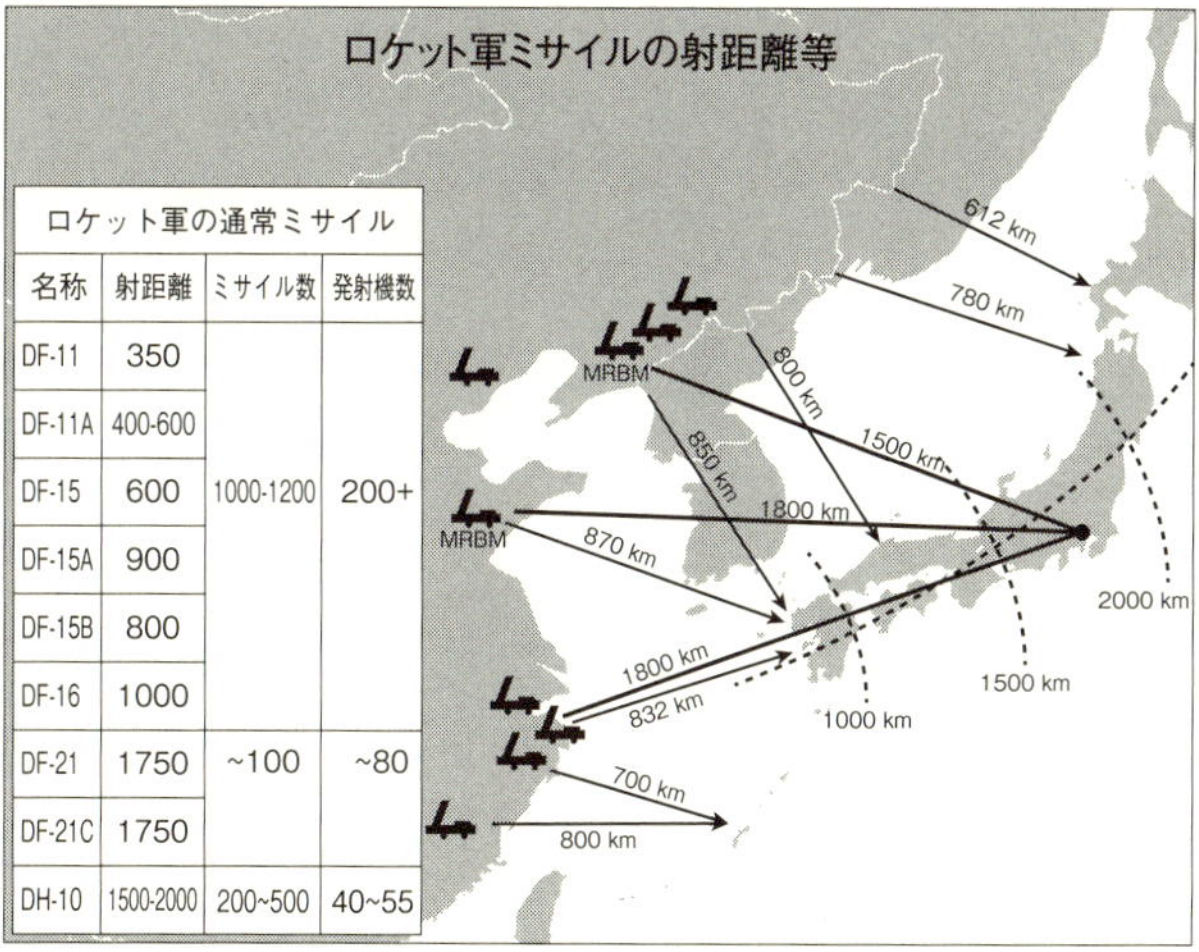

ロケット軍の通常ミサイル

名称	射距離	ミサイル数	発射機数
DF-11	350	1000-1200	200+
DF-11A	400-600		
DF-15	600		
DF-15A	900		
DF-15B	800		
DF-16	1000		
DF-21	1750	~100	~80
DF-21C	1750		
DH-10	1500-2000	200~500	40~55

出典：CSBA

名称変更され、陸・海・空軍と同格の第4の軍種に昇格したものである。習近平がいかにミサイルを重視しているかがわかる。このロケット軍こそ、中国軍が重視する「情報化」と「非接触戦争」の代表的軍種になっている。

台湾・日本を目標とするミサイル

中国軍は1996年以降、兵器の急速な近代化を進めてきたが、とくに第2砲兵は最も目覚ましい近代化を遂げてきた。第2砲兵は、当初、核兵器専門の部隊であったが、1990年代に入ると通常兵器である短距離弾道ミサイル（SRBM）を取得し始めた。2015年時点で約1200発のSRB

M（DF－11、DF－15、DF－16）を保有している。これは「台湾を目標とする1200発」と表現されるように、主として台湾向けのミサイルである。また、準中距離弾道ミサイル（MRBM）であるDF－21Cを36発保有している。そして、2012年の時点で、射程2000km以上の地対地巡航ミサイル（DH－10）を200から500発保有しているとされる。

前ページの図表⑭をご覧いただきたい。台湾向けのSRBMとMRBMを組み合わせて中国領土に上手く配置すると、日本の大部分をカバーできることがわかる。これらのミサイルは、在日米軍基地のみならず日本にとっても確実に大きな脅威となる。

米空母のような大型艦艇を目標とする対艦ミサイル

空母キラーとして有名な対艦弾道ミサイルDF－21Dのみならず、爆撃機H－6Kが4発搭載可能な空対艦巡航ミサイル（ASCM、射程400km）、駆逐艦や潜水艦に搭載した艦対艦巡航ミサイルYJ－18（射程540km）が、空母などを目標とするミサイルである。

ここで問題になってくるのは、DF－21Dが実戦で運用可能な段階にあるか否かだ。対艦弾道ミサイルを実運用するためには越えなければいけない幾つかの技術的な課題がある。高速で機動する空母に対し、1500km以上の長距離から射撃して実際に命中させるのは非常に難しい。中国軍は、いまだに海上目標に対するDF‐21Dの実射試験を実施していない。弾道ミサイルを実戦で運用するためには、いわゆるキル・チェイン（44ページ参照）の全段階をコントロールする完成された指揮・統制・通信・コンピュータ・情報・監視・偵察（C4ISR）システムが必要である。実際に機能するC4ISRシステムを中国軍が保有し、キル・チェインの全期間を通じ実運用できる段階にあるかは大いに疑問符がつく。現段階では、DF‐21Dの存在そのものが持つ宣伝効果、心理的効果の方が大きいのかもしれない。

グアム・米本土を目標とするミサイル

グアムは、地理上、米軍のアジア太平洋戦略にとってきわめて重要な拠点であり、アンダーセン空軍基地やアプラ海軍基地がある。グアムは、第2列島線の中で最も重要な島であり、したがって、中国軍にとっても非常に重要なターゲットとなる。

グアムを攻撃できるミサイルは、「グアムキラー」と呼ばれている中距離弾道ミサイルDF‐26（射程3000〜4000km）、爆撃機H‐6Kが6発搭載する空対地巡航ミサイル（LACM）CJ‐20（射程1500km）である。

かつての第2砲兵――現在のロケット軍は、核戦力の近代化も推進してきた。1990

図表⑮　中国の巡航ミサイル

・航空基地を制圧するための最初の一撃は弾道ミサイルを使用し、その後、航空攻撃と巡航ミサイルを使用する。
・対地巡航ミサイルと対艦巡航ミサイルは徐々に精度・機動性・各種対策面で向上している。
・人民解放軍は日本、グアム、豪州北部の目標に対する対地巡航ミサイルを発射する能力があるとしている。
・対空及びミサイル防衛用のセンサーは優先度の高い目標である。

対艦巡航ミサイル	発射モード	射距離（km）
YJ-7	地上、船、空中	25
HY-2	船	95
YJ-62	空中、船、潜水艦、地上	280
YJ-82 YJ-8A YJ-81 YJ-82K YJ-83 YJ-83K	潜水艦 潜水艦、地上 空中 空中 船 空中	33 42 70 120 180 200
YJ-83KH	空中	230
YJ-91A/Kh-31A	空中	70
SS-N-22 Sunburn	船	120
SS-N-27B Sizzler	潜水艦	220
AS-13 Kingbolt	空中	285
YJ-12	空中、船	250-500
YJ-18	潜水艦、船	220

対地攻撃巡航ミサイル	発射モード	射距離（km）
KD-88 KD-88 cargo	空中 空中	100 300
YJ-91/Kh-31P	空中	120
YJ-63/AKD-63	空中	200
YJ-83KH	空中	230
DH-10/CJ-10	地上、空中	1500～
CJ-20	空中	1500～ 2000
HN-3	空中、地上、船、潜水艦	～3000

出典：CSBA

年代、中国の核搭載ミサイルは、発射準備に時間がかかり、敵に発見されやすい液体燃料を使用するミサイルであったが、現在は路上機動が可能で、固体燃料を使用し、発見されにくい大陸間弾道ミサイルDF－31A（射程1万1200㎞）の導入により、攻撃されるリスクが低い状態のまま、米国内のどの場所でも打撃できるようになった。

8　中国の国防白書を読みこむ

「中国の軍事戦略」2015年版

中国は、2015年5月26日に「中国の軍事戦略」と題する国防白書を発表しているが、そのタイミングは実に絶妙な時期であった。アジアインフラ投資銀行（AIIB）の設立発表により、米国主導の秩序への挑戦を明確にする一方、南沙（スプラトリー）諸島における大規模かつ急速な人工島の建設によって、実力で南シナ海の領土問題に決着をつける意思を明確にした時期でもあった。こうした中国のきわめて挑戦的な行動の背景には中国の戦略があり、その戦略の一端を「中国の軍事戦略」として提示した点で2015年の国防白書は注目すべき文書となっている。

「中国の軍事戦略」で最初に出てくるキーワードは、中国の夢「中華民族の偉大なる復興」である。これは習近平が国家主席に就任して以来強調してきたスローガンが「偉大なる中華民族の復活」であることと密接に関連している。「中国の軍事戦略」では、まず「和平外交政策」と「防御性国防政策」を強調し、「中華民族の偉大なる復興の実現により、世界とともに平和の維持、発展の追求、繁栄の分担を追求する」としているが、「中華民族の偉大なる復興」の追求は必ずしも世界の平和・発展・繁栄にはつながらず、かえって世界の平和と安定を乱す要因になっていることを指摘しておきたい。

「積極防御」と「後発制人」

今回の「中国の軍事戦略」の記者発表の際、最初に強調されたのが積極防御という概念だった。中国では毛沢東以来、「積極防御戦略が中国共産党の軍事戦略の基本」であり、「戦略上は防御、自衛及び後発制人（攻撃された後に反撃する）を堅持する」という表現が長らく踏襲されてきた。これだけを読むと中国の軍事戦略はきわめて防御的であると読めるが、これは一種のプロパガンダである。米国防省の年次報告書は、「中国の『後発制人』は建て前に過ぎず、中国は朝鮮戦争において先制攻撃を行ったし、インド・ソ連・ベトナムとの国境紛争においても先制攻撃を行ってきた」と指摘している。

中国は、現代戦においては先制攻撃が圧倒的に有利である点をよく理解している。中国は今や、宇宙やサイバー空間における先制攻撃は避けられないと認識するとともに、「戦役（作戦のこと）戦闘上は積極的な攻勢行動と先機制敵（先制により敵を制する）の採用を重視する」と表現するに至った。つまり伝統的な建て前としての後発制人と、現代戦における戦勝獲得のための先制攻撃という本音が混在したのが中国軍事戦略の本質なのだ。

情報化環境下における局地戦争

「中国の軍事戦略」によれば、1993年に「局地戦争での勝利」が軍事闘争準備の基本となったが、2004年には「情報化環境下における局地戦争での勝利」と修正された。ちなみに、ここで言う「軍事闘争準備」とは、「中国の軍事戦略」のキーワードの一つであり、将来の戦闘に備えて即応態勢を高めることを指す。ここで強調されているのはICT（情報通信技術）を活用したシステムの重要性だ。情報システムに依拠した「システム対システム作戦」の能力の向上、組織化された統合作戦システムが重要であるとしている。また、偵察・早期警戒・指揮統制システムの構築、中長距離の打撃能力の開発、中央軍事委員会（CMC）指揮組織と戦域レベルの指揮システムの改善、実戦的な訓練、戦争以外の軍事作戦（MOOTW）[33]の準備といった重要性にも言及している。

この点について、2015年版の米国防省年次報告書では、「中国は、2010年代を戦略的好機と位置づけ、２０２０年を目標に富国強軍（経済の成長と軍事力の強化）に励む。とくに、軍の近代化で顕著な進歩を達成し、局地戦争を戦い勝利する能力（台湾事態に対処する能力、海上交通路［ＳＬＯＣ］の防衛、東シナ海及び南シナ海における領土防衛、西部国境の防衛を達成する能力）を獲得するだろう」と記述されている。中国の言う「局地」とは国境付近、海の領域、空の領域を指す。「局地戦争での勝利」という主張は、まさに人民解放軍の本音である。

なお、２０１５年版の米国防省年次報告書によると、中国の軍事戦略の概要はおおむね以下のとおりとなる。

①長期的な総合軍事力の増強に努める。
②「短期・高強度・局地戦争」[34]を追求する。つまり、本格的な米軍との紛争を望まず、米国との直接的な衝突は避け、米軍が介入する以前に戦勝を獲得する短期戦を追求し、作戦地域を特定の地域（例えば尖閣諸島）に限定する。
③台湾海峡における紛争が焦点であり、そのための軍事への資源を投入する。ただし、東シナ海及び南シナ海における紛争にも焦点を合わせてきている。
④中国周辺を越えた任務への投資がますます増えている。例えば海外に戦力を展開する能

力の向上、シーレーン防護、海賊対処、平和維持、人道的支援・災害派遣への投資を増やしている。

これらは「中国の軍事戦略」と符合する点が多い。

安全保障上の四つの領域（ドメイン）

「中国の軍事戦略」は、重大な四つの領域として海、宇宙、サイバー空間、核戦力を列挙している。米国では海・空・宇宙・サイバー空間の四つの領域を「グローバル・コモンズ」として重視するが、中国では空天一体という考えの中で、宇宙の中に空が包含されていると思われる。一方で、核戦力を重大な領域としている。核戦力は戦力であり、ドメインではないため違和感があるが、この区分が中国的である。

日本のマスメディアの、中国軍に関する報道では「海洋戦略強化」「海軍強化」などといった具合に海の領域をやや強調しすぎる傾向があるが、「中国の軍事戦略」では海だけではなく、宇宙、サイバー空間、核戦力も重大な領域だと、バランスよく認識している点

33 ＭＯＯＴＷ：Military Operations Other Than War
34 short-duration high intensity regional conflict

は非常に重要である。

もっとも、習近平はたしかに就任当初から海軍重視の姿勢を示してきた。「中国の軍事戦略」では「重大安全領域における戦力発展」の項目の中で、「海洋強国を目指す」と宣言し、「陸を重んじ海を軽んじる伝統的な考え方を打ち破り、海（sea）や大洋（ocean）を管理し、海洋の権利と利益を防護することに重点を置くべきである」とまで記述し、陸軍に対する海軍の優越を明示した。この主張は大変興味深く、この国防白書の特徴の一つになっている。「陸を重んじ海を軽んじる伝統的な考え方を打ち破る」という思い切った表現は、習近平主席の承認を得たものであろうが、当然ながら陸軍には不満だろう。

「中国の軍事戦略」には、「中国は近代的な海軍力の建設が必要である。それにより国家主権、海洋における権利と利益を確実にし、海上交通路（ＳＬＯＣ）の防衛や海外における利益の防護をする」と記し、「近海海軍から遠洋海軍に脱皮を図る」としている。

9　中国のサイバー戦の脅威

人民解放軍改革の目玉の一つである戦略支援部隊は、サイバー戦、電子戦、宇宙戦を実施する部隊だと思われる。本節では平時から絶えず実施されている中国のサイバー戦について注意を喚起したいと思う。

軍が統括する中国のサイバー戦

中国のサイバー戦は、まさに〝国家ぐるみ〟で行われる。[35] 人民解放軍、軍以外の公的機関（情報機関、治安機関など）、企業、個人のハッカーがすべてサイバー戦に関与する。そして、その中心的役割、つまりサイバー戦全体を統括する役割を担っているのが人民解放軍である。その根拠となるのは、中国研究者の間で評価の高い中国軍事科学院の文書「戦略学」だ。「戦略学」（２０１３年版）によると、中国軍には特別軍事ネットワーク戦部隊が存在し、サイバー戦（攻撃及び防御）を実施する。さらに、中国軍がサイバー戦の権限を付与する政府組織として国家安全部（国務院に所属する情報機関）や公安部（人民警察、人民武装警察）が存在し、サイバー戦を実施する場合には中国軍の許可を必要とする。

また、非政府の民間組織は、自発的にサイバー戦に参加しているが、必要な時には中国軍がその活動をコントロールし、中国軍統制下のサイバー戦を実施する。とくに有事においては国家の指示で個人・企業もサイバー戦に動員されることになっている。

35 Franz-Stefan Gady, “Why the PLA Revealed Its Secret Plans for Cyber War”, The Diplomat

図表⑯　グレート・ファイアーウォールとグレート・キャノン

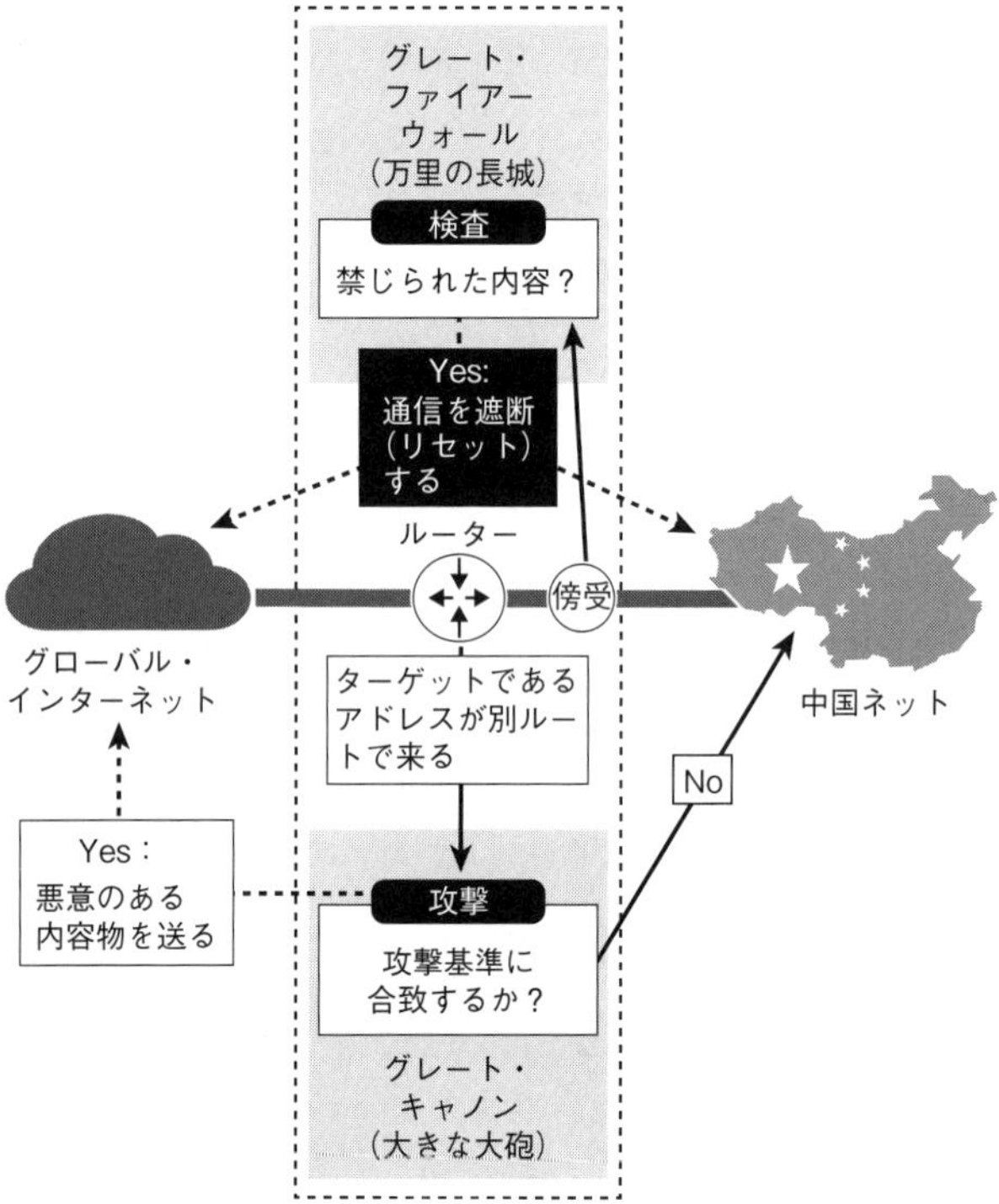

出典：トロント大学

中国のサイバー戦の顕著な特徴は、防御的サイバー戦のみならず、攻撃的サイバー戦を躊躇《ちゅうちょ》なく行う点であろう。

図表⑯をご覧いただきたい。中国は国家レベルでサイバー空間の統制を強化している。防御的サイバー戦を担うのがグレート・ファイアーウォール（Great Firewall）で、いわば、サイバー空間における万里の長城だ。一方、攻撃的サイバー戦を担うシステムがグレート・キャノン（Great Cannon）である。中国国内のネット網に入ってくる者をグレート・ファイアーウォールで識別・選別し、悪意ある侵入者だと判断すれば中国のインターネットへのアクセスを拒否する。さらにグレート・キャノンを使って、悪意のある侵入者に対し、自動的に報復するシステムを国家レベルで構築している。[36]

人民解放軍のサイバー部隊

国家ぐるみのサイバー戦を実施する中国では、サイバー戦の主役は中国軍となる。米国のシンクタンク「プロジェクト２０４９」の２０１１年の論文[37]によると、サイバー戦を統括する人民解放軍総参謀部第３部の下には数千人規模のサイバー部隊が存在する。例えば

36　University of Toronto The Citizen Lab, "China's Great Cannon", https://citizenlab.org/2015/04/chinas-great-cannon/

上海所在の第2局には北米を担当する有名な61398部隊、青島所在で日本と韓国を担当する第4局（61419部隊）、北京でロシアに関係する活動をしているとみられる第5局（61565部隊）、武漢所在で台湾・南アジアを担当する第6局（61726部隊）から、上海所在で宇宙衛星の通信情報を傍受する第12局（61486部隊）まで計12の主要部局があるという。なお、これらの部隊には、サイバー戦の専任部隊のみならずC4ISRを担当する部隊も含まれている。

61398部隊などは、平素から米国をはじめとする諸外国の外交・経済・軍事産業・ハイテク産業の情報、米軍等の国防ネットワーク、兵站などに関する情報の入手を目的とするサイバースパイ活動を実施している。このスパイ活動の技術は、攻撃的サイバー戦を遂行する際に必要な技術と同じであり、平素のサイバー活動が紛争時における攻撃的サイバー戦の前提となる点に留意が必要だ。[38]

紛争時におけるサイバー戦能力

紛争時のサイバー戦は、「作戦的サイバー戦」と「戦略的サイバー戦」がある。

作戦的サイバー戦としては、「兵站システムに対するサイバー戦」、「産業制御システム（SCADA）[39]に対するサイバー戦」、「米軍の指揮統制システムに対するサイバー戦」、「米軍の兵器システムに対するサイバー戦」の4種類のサイバー戦が考えられる。

「兵站システムに対するサイバー戦」は、米軍の兵站システムが安全性の低い民間の兵站システムと連接しているため、民間のシステムが狙われる。中国軍は、サーバへのアクセスを分断し、兵站データを改竄《かいざん》することで米軍の作戦にダメージを与えられる。中国軍が米軍のネットワークに侵入することは十分可能であり、過去にも侵入の事例がある。

「SCADAに対するサイバー戦」は、米軍基地周辺のSCADAに対するサイバー戦によって電力、水道、通信などのインフラに損害を与え、米軍の作戦に影響を及ぼすことができる。主要な米軍基地には電力の代替システムがあるが、SCADAは兵站システムよりも脆弱である。

「米軍の指揮統制システムに対するサイバー戦」は、より直接的に米軍の指揮統制システムにサイバー戦を仕掛けることで米軍の作戦を妨害しようというものである。この作戦のためには国防省独自のインターネット・プロトコル・ルーター・ネットワーク（SIPR

37 "The Chinese People's Liberation Army Signals Intelligence and Cyber Reconnaissance Infrastructure"

38 Annual Report To Congress: Military and Security Developments Involving the People's Republic of China 2015, Department of defense

39 SCADAは、Supervisory Control and Data Acquisition の略であり、産業制御システムの一種で、コンピュータによるシステム監視とプロセス制御を行う。

Ｎｅｔ[40]）に侵入する必要がある。中国軍にとってＳＩＰＲＮｅｔへの侵入は不可能ではないが、困難であろう。だが、ＳＩＰＲＮｅｔに対する直接的・間接的なサイバー攻撃、コマンド部隊によるＳＩＰＲＮｅｔの物理的な破壊、ＳＩＰＲＮｅｔに悪意のある部品（バックドアなど）を埋め込むことで無能化することは理論的には可能だ。

「米軍の兵器システムに対するサイバー戦」は、ネットワーク攻撃により米軍の兵器システムの能力発揮を低下させることだが、それが可能か否かについての評価はさらに難しい。米軍は、高度にネットワーク化されており、個々の空軍及び海軍の兵器は、その兵器自体が大規模なデータ処理装置の役割を担っているため、サイバー攻撃に対して脆弱である。ソフトを改竄し、システムを無能化したり、偽の目標を挿入したり、ＧＰＳを微妙に変化させたりすることが可能であり、攻撃による損害からの復旧には時間がかかる。

戦略的サイバー戦は、政府及び非政府システムなど、軍事的なシステムではない戦略的なシステムを攻撃することで、敵政府の戦闘を継続する意思や能力に影響を与えようとするものである。しかし、戦略的サイバー戦を米国に仕掛ける妥当性に関しては賛否両論がある。それでも、中国が戦略的サイバー戦を排除していないことは確かである。

サイバー戦のドクトリン

たびたび述べてきたように、中国軍は「情報化環境下における局地戦争に勝利する」というコンセプトを20年前に導入した。このコンセプトの実現には、ハイテク戦争に勝利する戦闘部隊と、弱者が強者を撃破する非対称の手段が必要になる。具体的には米軍の弱点となりうる「ネットワークへの依存」への攻撃、勝利を追求してきた。「中国の軍事戦略」では、情報戦（電子戦とサイバー戦を含む）を最も重要な戦争形態と明記し、「ネットワーク戦争の優越は、敵の指揮システムを機能不全にし、作戦部隊及びその活動を統制する能力を奪い、兵器を無能化し、軍事衝突において我が主導権を確保し、最終的に戦勝を可能にする」と書いている。

ネットワーク攻撃の第1の目的は、米国の太平洋を越える兵站の流れを阻止するために、港、空港、輸送手段、戦闘施設、Ｃ３Ｉ（指揮・統制・通信・情報）システムをターゲットとすることだ。第2の目的は、通信、レーダー、宇宙配備のシステム、軍事的指揮・統制を含む敵のＣ４ＩＳＲ全体を妨げる点にある。

有事においてサイバー戦と電子戦は密接不可分な関係にあり、戦時においてはサイバー・電子戦として一体的に実施される。中国軍の電子戦能力は米軍に比較して劣っている

40　DoD's Secure Internet Protocol Router Network

が、サイバー・電子戦の重要性を認識している。

中国空軍は電子戦の兵器として、JH-7A戦闘機に電子戦ポッド（航空機の翼下に取り付けられた細長い容器）を搭載して電子戦を実施する。また、電子戦機Y-8Gは、長距離から電子妨害をする能力のあるスタンド・オフ・ジャマー（SOJ）という装置を搭載している。

10　中国の宇宙戦の脅威

米国に次ぐ軍事衛星大国

中国は、明らかに宇宙大国を目指しており、急速な勢いで宇宙での能力向上を図っている。米国と中国が打ち上げた衛星数を比較すると、1997年から2002年の打ち上げ数は米国349、中国33、米中の比率10・6：1、2003年から2008年の打ち上げ数は米国142、中国54、米中の比率2・6：1、2009年から2014年の打ち上げ数は米国253、中国111、米中の比率2・3：1であり、中国の急速な衛星打ち上げ数の増加が明らかである。

図表⑰は2015年1月31日時点における中国の衛星の任務別、所属別の数を示してい

図表⑰　中国の衛星の任務及び所属

任務	政府	人民解放軍	商用	民間	合計
ISR	9	28			37
航法（ナビ）		15			15
通信	8	4	11	1	24
地球観測	28			1	29
宇宙科学	8			2	10
技術開発	14	1	1	1	17
合計	67	48	12	5	132

出典：ランド

る。中国が打ち上げた132個（米国は526個）の衛星のうち48個が人民解放軍所属で、政府系機関の67個を加えると実に87％の衛星が官製の衛星であるのに対し、民間の衛星はわずか5個で4％弱にしか過ぎない。

人民解放軍の衛星48個の任務を見てみるとISR（情報・監視・偵察）関連58％、航法（船舶や航空機が正確な航行をするための技術）関連31％、通信関連8％であり、これらの衛星が現代戦では不可欠な中国軍のC4ISRを支えている。

なお、宇宙空間に所在する、人工衛星などをめぐる軍事上の作戦を、本稿では「宇宙戦」と呼んでいる。

宇宙戦を重視する理由

仮に米中間に紛争が起こった場合、中国は米国の人工衛星などに対する先制攻撃を作戦成功の不可欠な要素と認識している。なぜなら、米軍のアキレス腱は、人工衛星とそれを支える衛星関係インフラの脆弱性にこそあるからだ。万が一、米国の人工衛星が破壊されるか機能低下に陥れば、米軍の作戦は致命的な打撃を受ける。例えば、通信衛星や偵察衛星が破壊されれば通信・情報・監視・偵察能力に致命的な打撃を受ける。また、GPS衛星が破壊されると、GPSを活用する兵器（弾道ミサイルなど）の射撃精度に決定的な影響を受けるほか、自己位置情報をはじめとする位置情報が使えなくなり、GPSを使用する無人機システム、艦艇、航空機も影響を受けることになる。

宇宙戦は、現代戦におけるC4ISRの各機能にとって死活的に重要な作戦だ。人工衛星が破壊されると、米軍が得意とする「ネットワークを活用した作戦」（NEO）[41]に大きな打撃となる。米軍の「ネットワークを活用した作戦」では、ほぼリアルタイムでデータのやり取りを行っていて、目標発見、目標情報の伝達、目標情報に基づく火力打撃の実施、火力打撃の効果の確認までを実施する指揮・統制・打撃システムを駆使している。人工衛星の破壊はこの指揮・統制・打撃システムの死を意味するといっても過言ではない。

中国の対宇宙能力

中国は、米軍の最大の弱点を攻撃する非対称戦を標榜し、広範な対宇宙能力の獲得を追求してきたが、事実、中国の衛星攻撃能力は高く、現在では米国に負けない能力を持っているとされる。

中国は2007年、高度850kmにある自国衛星を標的とした対弾道ミサイル迎撃ミサイルSC-19による攻撃で同衛星を破壊し、その対衛星能力を実証した。その際に宇宙ゴミ（デブリ）が大量に発生し世界中から非難を浴びたものの、この実験成功により、この高度に存在する日本や米国の大部分の低軌道衛星は脆弱であることが明らかになった。

さらに中国は、2014年7月、弾道ミサイル迎撃試験を3度実施したが、その技術は対衛星兵器に必要な技術そのものである。また、通信衛星やISR衛星の能力を低下させるジャミング・システムを保有しており、中国の対衛星兵器は実用段階にある。[42]

なお中国は次のような対宇宙能力も保有する。

■直接上昇対衛星ミサイル（DAAM[43]）

対衛星兵器の代表は、地上から発射したミサイルを人工衛星に直接命中させる直接上昇方式の兵器である。中国は過去この直接上昇対衛星ミサイルとして、対弾道ミサイル迎撃

41 NEO：Network Enabled Operation
42 "The U.S.-CHINA Military Scorecard", RAND Corporation

図表⑱　SC-19

出典：Global Security

ミサイルSC-19を使った実験を繰り返してきた。

　また、SC-19以外では、高高度の衛星、例えば米国の全地球測位システム（GPS）を破壊する能力を持つDN-2を保有し、米国のみならず我が国にとっても脅威となっている。

■同一軌道対衛星システム（COAS）[44]

　COASは、攻撃対象となる人工衛星と同一軌道を周回し、対象衛星に接近し、搭載した爆薬で破砕する装置、運動エネルギー兵器、レーザー兵器、高周波兵器、レーダー妨害装置、ロボット・アームなどを使って対象衛星を攻撃する。また、COAS自体が攻撃対象衛星に衝突することもある。ちなみに、他の衛星に近づく技術のみであれば、宇宙飛行士や物資を運ぶ衛星が宇宙ステーションにドッキングする技術と類似しており、その意味では日本も高い技術を保有している。

ソ連の崩壊以降、米国はＣＯＡＳの脅威を認識していなかった。だが、中国がＣＯＡＳを開発し、試験を繰り返している現状に米国は危機感を募らせている。

ＣＯＡＳがＤＡＡＭに勝れている点は、発生する宇宙ゴミが少ない、すべての軌道の状況に対応できる、地形的な制限がなく攻撃できる、エスカレーションを軽減し、多くの攻撃方法を有している――などの点である。

■指向性エネルギー兵器（ＤＥＷ[45]）

１９９０年代以降、中国はＤＥＷを開発している。２００６年には低軌道上の米国の人工衛星に対して高出力レーザーを照射し、衛星機能の一時的な能力低下を引き起こした。この事案により、画像撮影衛星の破壊または盲目化を目的とする地上発射レーザーを中国が保有している事実が明らかになった。

また中国は、高周波兵器を開発中であり、5〜10年後には実戦配備が可能となると予測される。高周波兵器とは文字どおり高周波によって人工衛星の電子部品をオーバーヒート、またはショートさせることで損壊・破壊する兵器である。高周波兵器は、地上配備、

43　ＤＡＡＭ：Direct-Ascent Antisatellite Missiles
44　ＣＯＡＳ：Co-Orbital Antisatellite System
45　ＤＥＷ：Directed Energy Weapons

宇宙配備、ミサイルへの搭載が可能なため、全軌道に存在する人工衛星に有効となる。

以上の中国の対衛星の能力は、米国のみならず、日本にも大きな脅威になっていることを認識すべきである。

11 中国・新兵器の脅威

中国が現在開発中の「極超音速滑空飛翔体（WU-14）」は米軍も注目する戦略兵器である。WU-14は、弾道ミサイルの弾頭（通常弾頭のみならず核弾頭も搭載可能）として発射されたのち、準宇宙をマッハ10で滑空し、目標に近づくと相手のミサイル防衛手段が対処できない、特異な機動をして目標に到達し、これを破壊する能力を持つ。通常弾頭であれば米海軍の空母のような高価値目標がターゲットになる可能性が高いが、現在の米軍の能力では対処できないとされている。中国は、このWU-14を次世代精密攻撃能力の中核兵器と位置づけ、2020年までに高速滑空飛翔体を、そして2025年まではスクラムジェット推進極超音速滑空飛翔体を配備する計画を持っていると報告されている。[46]
中国は、2015年8月、WU-14の5回目の飛行実験を行い成功したと、米国のニュースサイト「ワシントン・フリービーコン」[47]が伝えている。WU-14の最初の実験は20

図表⑲　極超音速滑空飛翔体の飛行イメージ図

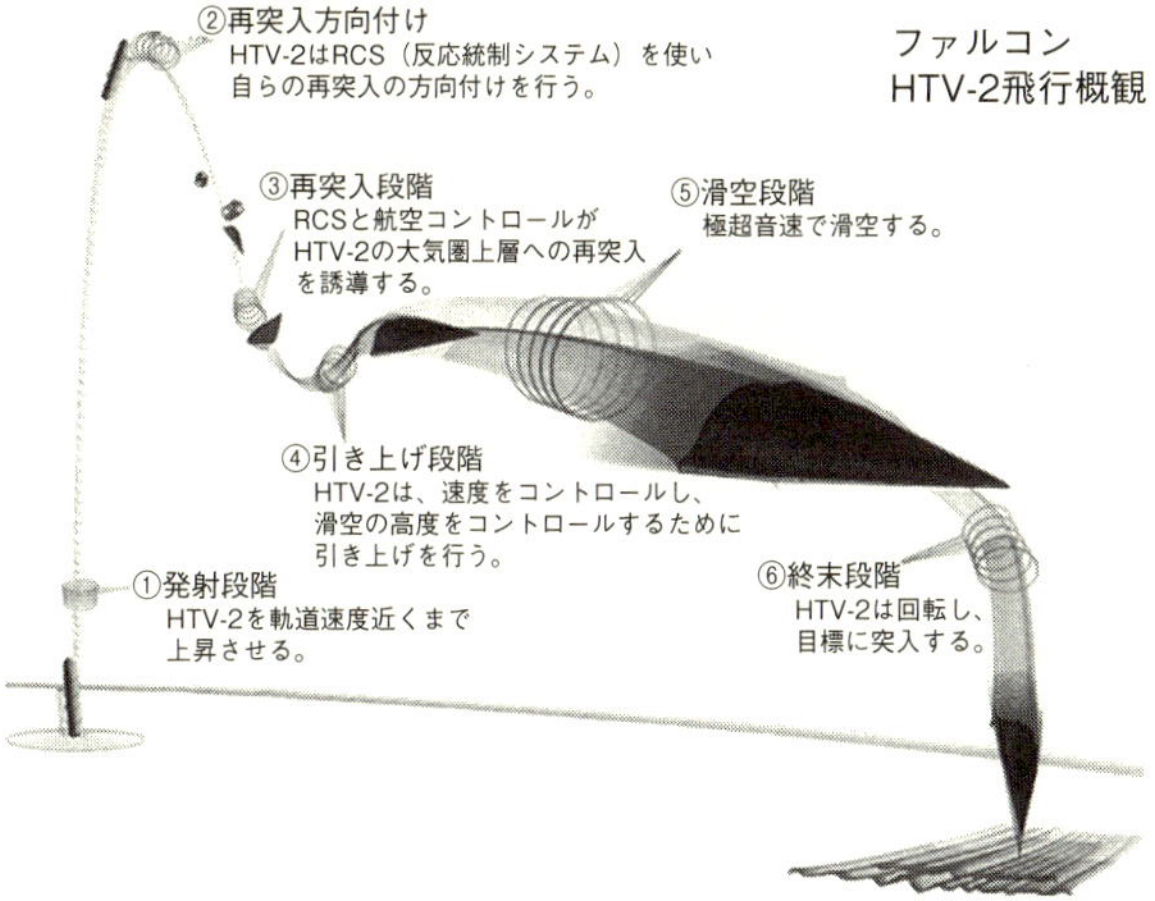

出典：DARPA

１４年１月９日、２回目は同年８月７日に実施したが失敗、３回目は12月２日にそして４回目は２０１５年６月７日に行いともに成功している。米国とロシアも同様の極超音速滑空飛翔体を開発中であるが、中国の実験の頻度を考慮すると、中国の技術は米国やロシアに負けていないのではないかとさえ思える。ＷＵ－14を中国の独自技術で開発しているとするならば、中国の実力は正当に評価されるべきであろう。

ＷＵ－14が使える兵器として配備されれば、日本と米国が採用するＳＭ－３ミサイルや、ＰＡＣ２／３ミサイルを駆使したＢＭＤ（弾道ミサイル防衛）では対処できず、その能力を更に向上させる必要がある。
対抗手段として電磁レールガン（次章で詳述する）などの開発が急務になっている。

46　２０１４年に発表された米中経済安全保障調査委員会の年次報告書
47　The Washington Free Beacon

第３章　最強アメリカ軍と将来構想

米軍は、陸上兵力54万人、艦艇949隻、航空機3646機を擁し、その保有戦力が常に最高の評価を受けてきた世界最強の軍隊である。そしてその実力（とくに破壊力）は、過去幾多の戦争で証明されてきた。

本章の目的は、最強米軍の最強たる所以《ゆえん》をあらためて確認するとともに、その将来構想である「エア・シー・バトル」（ASB：Air Sea Battle）と、そのASBを支える「第3次相殺戦略」（Offset Strategy）について述べる点にある。なお、米軍の各軍の能力や兵器については、次の第4章で詳述する。

1　米国の強さの要因

世界最大の国防費

まず米国がなぜ世界一の軍事大国たりえているのか、その背景から説明したい。

米国防費の1950年から2020年までの推移を示した図表⑳をご覧いただきたい。この間、米国が支出してきた国防費の額はずっと世界一であり、この世界一の国防費を支えていたのは世界一の経済力であった。

ソビエト連邦との冷戦に勝利できたのもこの経済力のおかげである。ソ連は米国との軍

図表⑳　米国防費の推移1950～2020

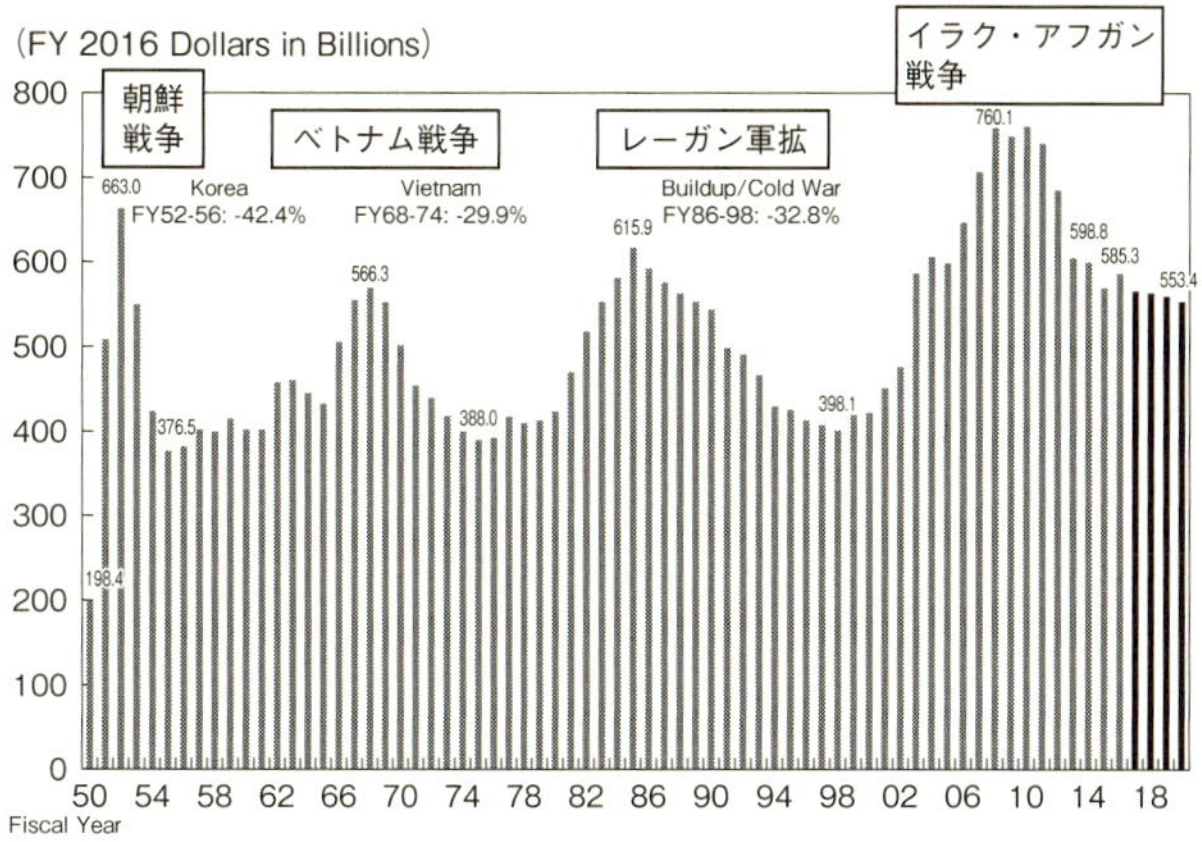

Projections (red bars) assume FYDP plus $26.7 billion annual placeholders for OCO in years beyond FY 2016

出典：米国防省

事力増強競争の末に自らの経済力に不相応なほどの軍事大国となり、最後は持ちこたえられず崩壊してしまった。

米国は、第二次世界大戦以降も頻繁に戦争をし、その度に巨額の戦費を投じてきた。朝鮮戦争、ベトナム戦争、湾岸戦争……そして2001年9月に発生したニューヨーク同時多発テロに端を発し、2016年の時点で15年も続いている「テロとの戦い」などだ。実際の戦争（熱戦）ではない東西冷戦の間も、巨額の国防費は投入され続けた。

度重なる戦争は米国社会にさまざまなマイナスの影響を与えてきたが、その実戦経験が米軍の強さを支えているのもまた事実である。こうした実戦を通じて兵器の近代化がなされ、戦術・戦法・作戦構想を飛躍的に進歩させてきたからだ。

図表⑳を見れば、対テロ戦争でいかに多額の戦費が費やされてきたかが一目瞭然である。現在は連邦財政赤字が膨張しすぎたため、議会が国防費の強制削減を決定し、大幅な上昇が抑えられている状況だ。それでも対GDP比で見た米国の国防費は、2015年のデータで3・32%と依然として高い。日本がこの年0・99%で中国1・92%、NATO加盟国の目標値が2%なのと比べても断トツである。

この世界一の国防費に支えられ、米軍の主要兵器及び組織は、爆撃機96機、ICBM450基、戦術戦闘飛行隊55個、海軍主要艦艇287隻(空母11隻、弾道ミサイル原子力潜水艦14隻)、陸軍旅団戦闘チーム56個という凄まじい充実ぶりを維持している。これらが、陸海空すべてのドメイン(領域)で他国に優越する源泉となっている。

「軍産」だけの複合体ではない

米国で生活していると、米国の強さの秘密の一端が垣間見えることがある。例えば「軍・国防産業・シンクタンク・アカデミアの複合体」にニアミスした時だ。「軍産複合体(コンプレックス)」という言葉は誰もが一度は聞いたことがあると思うが、これは、国防産業と軍隊、そして政府機関が形成する政治的・経済的・軍事的な勢力の連合体を指す。だが現実の米国ではそれにシンクタンク、アカデミアも加わり、想像よりもはるかに複雑な複合体が構成されている。

米国ではアシュトン・カーター国防長官をはじめとして、安全保障の専門家には国防省・大学・シンクタンクを渡り歩いた人が多い。彼らは、それぞれの組織でそれまでの経験を生かしながら働き、また次の組織へキャリアアップすることで鍛えられている。そうした人材が、各組織の中で安全保障を真剣かつ実際的に議論することで米国の強さを支えるという構図になっている。

こうした複合体で行われる講義・セミナー・会議に参加するたびに、筆者は米国の安全保障論議の重層的な厚みを思い知らされ、同時に日本の議論がいかに底の浅いものであるかを痛感させられているのである。

アメリカは「世界一安全な国」

米国は、南北アメリカ大陸において地域覇権国として揺るぎない地位を築いている。これは米国の、地政学的な位置の賜物でもある。

アメリカ大陸には米国に挑戦しうる国力を持つ国は存在せず、太平洋と大西洋という二つの海によって他の大陸とは隔絶している。そのため国の本土が戦場になるリスクは極端に低く、この点「世界一安全な国」とも言える。

ただしこの特徴は、米軍が戦うときには「常に米国本土以外で戦っている」ことも意味し、二つの海は、「戦力投射能力」という観点からは米軍に不利に働く障壁となる。

同盟国・友好国との連携こそ米国の強み

しかし実際の前方展開戦略においては、米国は同盟国や友好国とのネットワークを築くことで戦力投射能力の不利を補っている。とくに同盟国である日本、オーストラリア、韓国、フィリピン、タイの存在は大きい。また同盟国ではないものの、シンガポールは米軍に施設を提供しているし、南シナ海の領有権を中国と争うベトナム、マレーシアとも緊密な連携を取り合っている。インドネシア、インドも米国の戦略上欠かせない友好国だ。

なかでも前方展開基地としての在日米軍基地は特別に重要な存在である。本書ではこの先、米中戦争の具体的展開に言及していくが、米中戦争では嘉手納基地をはじめとする在日米軍基地が常時使用されると想定される。

それくらい不可欠な存在と位置づけられているのだ。

2 エア・シー・バトル(Air Sea Battle)構想

人民解放軍はかつてない強敵である

米国は多くの戦争を経験してきたが、その主要艦艇や潜水艦が、常に脅威を受ける環境下での戦闘は第二次世界大戦を最後に経験していない。第一線の空軍基地や海軍基地(例えば在日米軍基地)が組織的な攻撃にさらされる大規模な通常戦の経験もない。さらに言うならば、長距離攻撃能力を有する各種ミサイル兵器、宇宙戦能力、高度なサイバー戦能力、そして核兵器を保有する国の軍隊と戦ったこともない。

また米軍は、ベトナム戦争以来常に航空優勢下での作戦を実施してきたため、敵戦闘機や地上配備の防空兵器により「空での優勢が脅かされる戦争」は過去40年以上行っていない。だが近未来に想定される中国との戦争は、以上のような能力を有する軍隊との戦いとならざるを得ない。したがって膨大な航空機や艦艇の損害、そしてこれまでにない人的損害も覚悟しなければいけない。

世界で最も戦争経験豊かな米軍といえども、陸、海、空、宇宙、サイバー空間という五つのドメインすべてで米軍に挑戦する力を備える人民解放軍を相手とする以上、その実力を侮ることはできないのだ。

米中戦争を議論する上で避けて通ることができないのは、中国の接近阻止／領域拒否（Ａ２／ＡＤ：Anti-Access/Area Denial）の脅威であり、それに対抗するべく、米海軍と空軍を中心に作成された作戦構想「エア・シー・バトル」（以下ＡＳＢ）である。このシナリオは「米中の本格的な大規模戦争」を想定したもので、第1列島線や第2列島線が戦場になっている。そのため、日本もこの米中戦争に必然的に巻き込まれていくことになる。

ＡＳＢに関する主要な文書は[48]、ワシントンD.C.所在の有力なシンクタンクである戦略・予算評価センター（ＣＳＢＡ）が２０１０年に発表し、世界に大きな影響を及ぼしてきた。ＣＳＢＡは、国防省と共にＡＳＢのシミュレーションを繰り返してきた実績を持つ。

ＡＳＢが対象としている年は２０３０年である。現在急速に台頭する中国がこの年、経済的にも軍事的にも米国に比肩ないしは凌駕する存在になっていたらどうすればよいか——この時までに中国はアジア・太平洋地域の覇権国としての地位を確実にし、このエリアから米軍を排除する意思を実行に移すかもしれない。そうなれば、今よりさらに進化しているはずのＡ２／ＡＤ能力を備えた中国が、米国と本格的に衝突する可能性がある。ＡＳＢは、進化した中国のＡ２／ＡＤに対し、いかに対処するかを米国が真剣に検討した末に出した、現時点におけるひとつの結論とも言える。

そしてＡＳＢは、日本にも直接的に影響を与える作戦構想でもある。先にも述べたとおり、ＡＳＢの想定するシナリオは米中対決の大規模戦争であり、第１列島線や第２列島線を含むアジア・太平洋地域を戦場とする。当然ながら第１列島線を構成する我が国も在日米軍基地を中心に戦場となる。つまりＡＳＢについて学ぶということは、日本有事の一例、ひいては日本の防衛のありかたを学ぶ、ということにほかならない。

ただし第１章でも述べたように、ＡＳＢは２０１５年にＪＡＭ‐ＧＣという名称に変更され、ＡＳＢの内容が継承されたうえで検討が継続されている。したがってＡＳＢという名称はもう消えてしまったが、中国のＡ２／ＡＤに対抗する統合作戦構想という本質においてＡＳＢとＪＡＭ‐ＧＣは同じであり、かつＪＡＭ‐ＧＣが「秘」に指定され、公開されていない事情もあり、本稿においてはＡＳＢを中心として米軍の作戦構想を紹介していくこととする。

なおＪＡＭ‐ＧＣを直訳すると「国際公共財への接近及び機動のための統合構想」となる。ここにおける国際公共財とは、人類が共有すべき領域（ドメイン）のうち、海、空、宇宙、サイバースペースなどを意味しているが、一般にはなじみにくい感がある。

48 CSBA, "AirSea Battle: A Point- of-Departure Operational Concept"

ＡＳＢの目的は「紛争抑止」

ＡＳＢは、中国による接近阻止／領域拒否（Ａ２／ＡＤ）環境下において、中国の攻撃を抑止し、抑止が失敗した場合には軍事作戦全般にわたり敵を撃破するための構想である。つまり抑止の構想であると同時に対処の構想というわけだ。

国防省と共にＡＳＢのシミュレーションを実施してきた前述のシンクタンクＣＳＢＡのレポートによれば、ＡＳＢの最も重要な目的は「戦勝（戦争に勝利すること）」ではなく「紛争の抑止」＝西太平洋の通常兵力による軍事バランスの維持にある。つまり、抑止する側の米国が自らの国益を守り、国際秩序を維持するという米国の断固たる「能力」と「意思」を中国に明示し、中国の挑発行為や不法行動を抑止することが最大の目的なのだ。

ＡＳＢの前提条件と特徴

このレポートにはＡＳＢの前提となる条件も記されている。この前提条件を見ると、米軍がいかに厳しい環境下で中国軍と戦わなければいけないのかがよく分かる。

①米国は先制攻撃をしない。米国は中国の第１撃に耐えてＡＳＢを遂行する。②相互核抑止は維持されている。③紛争前の情報活動には限界があり、「中国軍の攻撃に関する」

兆候を察知する可能性は限定的である。④日本と豪州は米国の頼れる同盟国であり、両国の支援を期待する。⑤米国及び中国の領土は聖域ではなく攻撃対象となり得る。⑥宇宙は聖域ではなく戦場となる。⑦米国にとって長期戦が有利であり、長期戦において中国を海上封鎖する。米国の重要な目標は、中国の迅速な勝利を拒否することである。

ASBを検討するために統合参謀本部に設置されたASBオフィスの文書[49]を中心としてASBをまとめると、以下のようになる。

■ASBの中核の考え方は「NIA／D3」

ネットワーク化され（networked）、統合化された（integrated）部隊による縦深攻撃（attack-in-depth）を実施し、敵部隊を混乱（disrupt）、破壊（destroy）、打倒（defeat）する。つまり縦深にわたり、中国軍のC4ISRネットワークを混乱させ、中国軍の兵器システムを撃破する点に重点が置かれる。

■クロス・ドメイン作戦（cross-domain operations）を重視

49　AIR-SEA BATTLE: Service Collaboration to Address Anti-Access & Area Denial Challenges, Air-Sea Battle Office

米軍では従来から陸・海・空軍の統合作戦が強調されているが、ASBでは統合作戦によるクロス・ドメイン作戦がさらに強調されている。五つのドメインにおける作戦は、相互に密接な関係があり、協調が重要となる。

■遠距離打撃能力が必須

地理的縦深性を持つ中国のA2／ADへの対抗を目的としたASBを成功させるには、遠距離打撃能力の向上が必須となる。この遠距離打撃戦力のターゲットは中国本土に存在する目標を含んでいる。

米軍は、冷戦終結後に空軍の遠距離打撃戦略を見直し、次期遠距離打撃戦力の整備を中止したためにその再構築が急務である。そのため、後述する相殺戦略（Offset Strategy）で提案されている将来の兵器、例えば、厳しい環境下でも相手の縦深深くに侵入できる高高度長期滞在無人航空機（グローバル・ホーク後継のステルス機）、艦載無人攻撃機（MQ-XやN-UCAS）、長距離爆撃機（LRS-B）などの開発・取得が必要である。

■同盟国と友好国の支援が不可欠

米国防省がASBを公表した目的は、同盟国や友好国と脅威認識や作戦構想を共有するとともに同盟国に安心を付与する点にある。中国軍の攻撃による被害を局限しつつ、西太平洋からインド洋にわたる広大な地域において作戦を遂行するためには、既存の前方展開基地や後方補給施設の抗堪《こうたん》化に加え、中国のミサイル攻撃圏外に位置する、新たな展開基地の確保が不可欠となる。このため、米軍は同盟国及びその他の協力国の支援なしには作戦が遂行できない。

ＡＳＢの２段階作戦[50]

ＡＳＢの特徴の一つは、中国軍による初期の攻撃による被害を局限し、米軍にとって有利な長期戦に持ち込むことにある。作戦にあたっては、日本とオーストラリアが同盟国として行動するとともに海・空兵力（陸上戦力である陸軍や海兵隊が欠けていることに留意されたい）が一体となって任務を遂行する。この際、海、空、宇宙及びサイバー空間のすべての領域で圧倒的な優位を保つことが前提となる。

作戦は次の二つのステージに大別されるが、五つのドメインすべてにおいて同時並行的にあらゆる作戦が実行されるため、厳密には２ステージに区分できない場合がある。米国

50　この項の記述は、ＣＳＢＡの "AirSea Battle: A Point-of-Departure Operational Concept" を中心として、Jeffrey E.Kline, Wayne P.Hughes "BETWEEN PEACE AND THE AIR-SEA BATTLE" などを参考にしている。

の陸上戦力の投入は、空・海の優勢が確立し、陸上戦闘の態勢が整った後に実施される。

第1段作戦——防勢作戦

第1段作戦は防勢作戦である。

①サイバー空間・宇宙空間を含めた五つのドメインすべてにおいて中国軍の先制攻撃に対処しなければならない。とくにサイバー戦、宇宙戦による先制攻撃は必ず行われると覚悟すべきである。中国軍の先制攻撃に耐え、部隊や基地の被害局限を図るとともに、全ドメインにおける優越の奪回に努める。

第1段階の最も顕著な特徴は、米海空軍の主力兵器（空母や航空機）が、中国軍の攻撃による被害局限のために一時的に後方に分散する点である。日本をはじめとする米国同盟国は、米海空軍の主力を欠いた状態で第1段階を耐えなければならない。

その際、米空軍機は中国軍の先制攻撃の兆候を捉え、一時的に中国のミサイル攻撃圏外の飛行場（オーストラリア、サイパン、テニアン、パラオ、日本の空港や自衛隊の基地など）へ分散する。米海軍の空母などの大型艦艇もDF21-Dのような対艦弾道ミサイルの射程外に分散・退避する。

第1段階で最も活発に活動するのが水中優勢を獲得している米軍及び同盟国軍の潜水艦

図表㉑　ASB防勢作戦

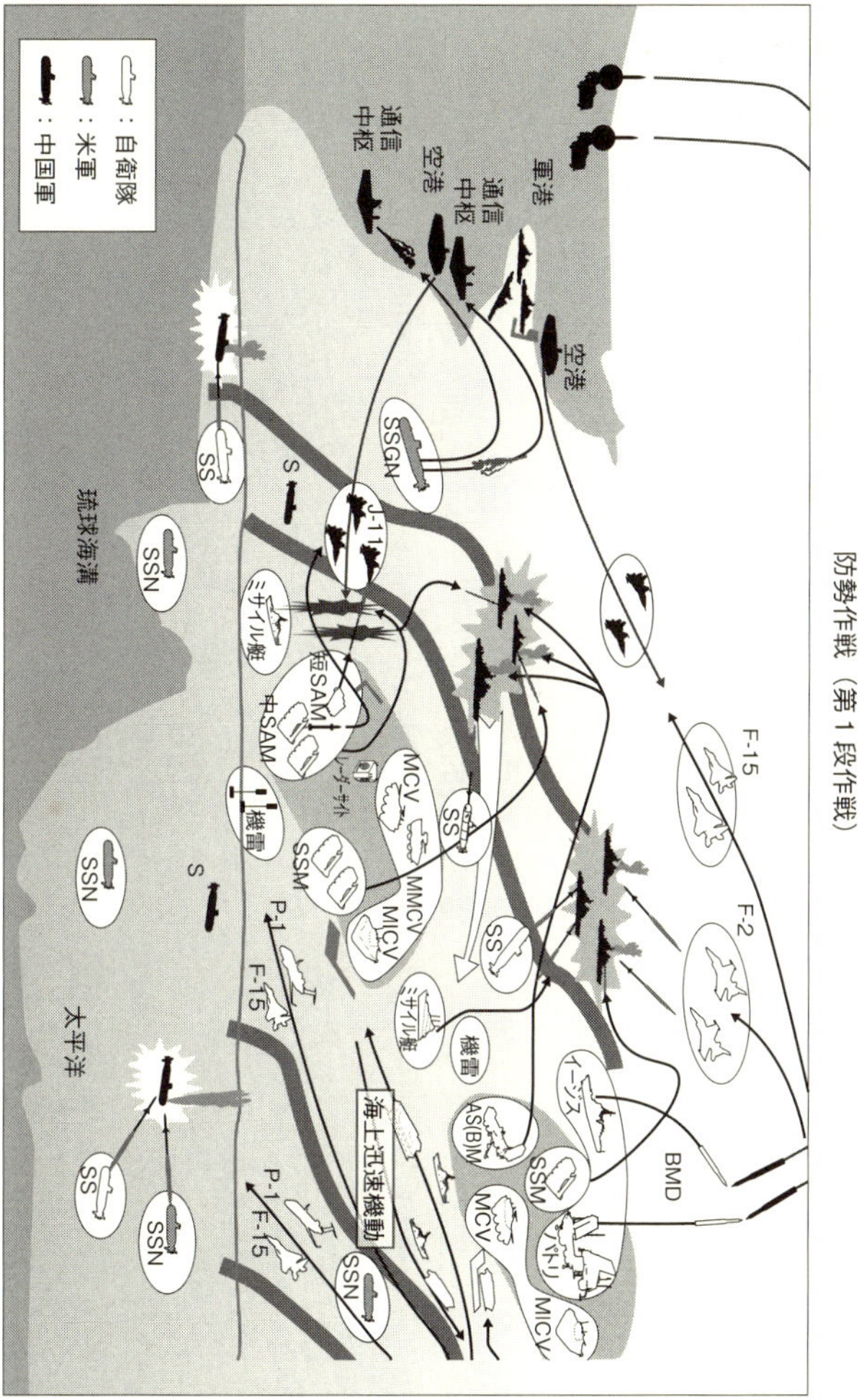

出典：Mochida

であり、所要の海域（第1列島線内の東シナ海や南シナ海）に展開し中国海軍の潜水艦や水上艦艇を撃破する任務に従事する。また、米海軍及び同盟国のイージス艦は、地上の防空部隊とともに前方基地のミサイル防衛にあたる。

中国軍の大規模な先制攻撃に耐えるために、中国軍のミサイルによる先制攻撃の兆候を察知できるシステムを構築するとともに、グアムや日本にあるC4I（指揮・統制・通信・コンピュータ・情報）システムや主要基地の抗堪力の向上、兵器や基地施設の分散化が必要である。

②盲目化作戦（Blinding Campaign、敵のC4ISRネットワークを破壊、混乱させる作戦）を実施する。ASBにおいては、戦闘の鍵を握る緊要な目標を攻撃し、すみやかに破壊することがきわめて重要になる。このため、第1段作戦の重心は、敵のC4Iネットワークを攻撃（盲目化）し、C4Iの優越を獲得する点にある。作戦は宇宙・サイバー空間及び水中を含むすべてのドメインで遂行され、地上施設への精密爆撃やサイバー作戦、電子戦、さらには水中通信網の破壊によって敵の宇宙監視システム、衛星破壊システム、OTHレーダー[51]及び情報通信網を無力化する。

また、中国軍の遠距離情報偵察（ISR）・攻撃システムを制圧する。敵ミサイルの脅威に対抗して海軍の重要な兵器の行動の自由を確保するため、米空軍は敵の宇宙配備型洋上監視システムの盲目化を図りつつ、遠距離打撃兵力によって敵の情報通信中枢及び攻撃システム無力化に努める。

さらに、陸上基地が攻撃される回数を減らすため、スタンドオフ兵器（相手の兵器より射程の長い兵器）や長距離精密爆撃によって、敵の地上配備型遠距離水上監視システム（OTHレーダーなど）及び弾道ミサイルの発射基地を破壊する。

米海軍の潜水艦や空母艦載機（航続距離の長いステルス機を運用している場合）は、空軍による敵の防空システムへの攻撃を可能にするため敵防空システムの偵察や攻撃支援を行う。

以上の盲目化作戦が成功して初めて、第2段階に移行できる。盲目化作戦の成功は、中国軍のA2／AD能力の大部分を無能化することを意味する。A2／AD能力の大部分を無能化できれば、第2段階の攻勢作戦を安全かつ確実に実施することができる。

米軍は、短期作戦よりも長期作戦が有利だと判断しているが、この盲目化作戦を時間をかけて慎重・確実に実施するために、長期にならざるを得ないのである。

③作戦の開始から終了までを通じて、空、海、宇宙及びサイバー空間を制圧し、支配を

51　OTH：over the horizon　日本語では「超水平線レーダー」と呼ばれ、短波帯の地表波や電離層反射波を利用し、水平線以遠の艦艇等の目標情報を収集するレーダー。

維持するように努める。各ドメインにおける各種作戦を継続する。この際、同盟国である日本の第1列島線における作戦に期待する。

陸のドメインを担当すべき米地上部隊は、ここまで一貫して影が薄い。

第2段作戦——米軍の本格攻勢

第2段作戦は攻勢作戦である。図表㉒をご確認いただきたい。

①盲目化作戦の成果を得て、一時後方に退避していた空母や空軍の航空機が攻勢作戦に参加する。あらゆる領域で主導権（制海権、制空権、サイバー空間の優勢、宇宙の優勢など）を奪回し、維持する作戦を実行する。さらに、弾道ミサイル撃破及び遠距離情報偵察・攻撃システムの制圧作戦を、スタンドオフ及び突破型の攻撃を併用して継続する。航空機による水上打撃戦や第1列島線沿いの対潜水艦戦を継続的に実施する。

②米軍と同盟国は「遠距離封鎖作戦」（経済封鎖につながる）を遂行する。これは潜水艦によって中国の艦船を沈没させるのではなく、海上阻止作戦である。この際、南シナ海、インド洋、西太平洋にかけてのチョーク・ポイント（戦略的に重要な海上水路。この場合はマラッカ海峡、ロンボク海峡、スンダ海峡など）での作戦を重視する。

③後方支援態勢（兵站）の維持・復旧活動を継続する。沖縄や西日本の基地の脆弱性を

図表㉒　ASB攻勢作戦

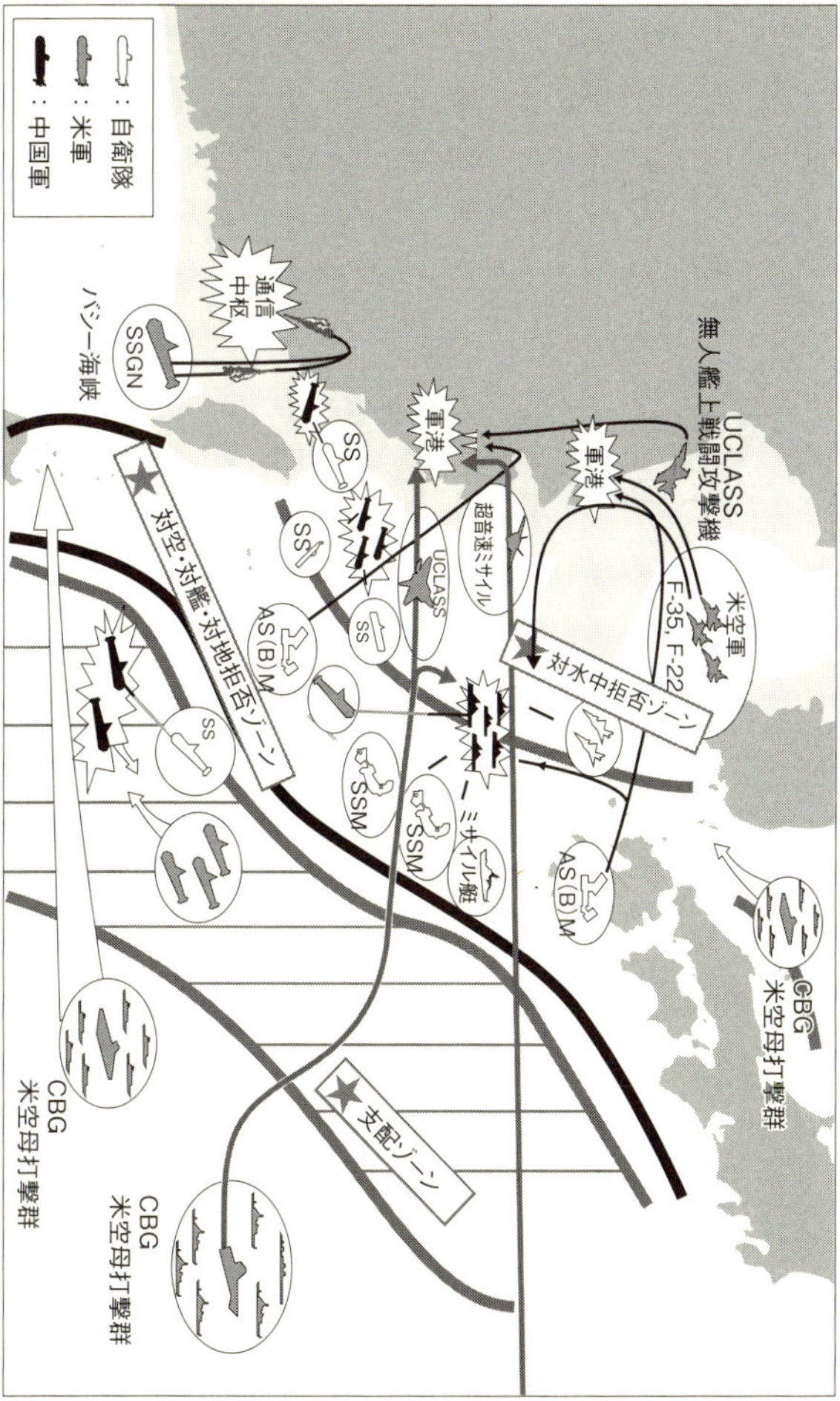

出典：Mochida

考慮し、基地機能を維持するため、同盟国を含む地上部隊は、基地被害の早期復旧を図る。とくにグアムは重要である。また、海上交通路（ＳＬＯＣ）維持のため、同盟国及び米海軍は、対潜水艦戦を中心として重要航路や港湾の防護にあたる。

ＡＳＢへの批判

ＡＳＢに対してはその公表以来、さまざまな批判がぶつけられてきた。

代表的なのは、「ＡＳＢは中国本土縦深に対する攻撃も辞さないため、核戦争までエスカレートする可能性がある」という批判である。このほか、作戦の中核となる兵器（Ｆ－35、長距離爆撃機、無人機システムなど）の整備だけであまりにも膨大な軍事費を要し、「金食い虫」であるという批判もあれば、地上戦力の出番がほとんどなく、統合作戦の視点を欠いている、海軍と空軍の予算獲得に焦点が絞られ過ぎているなどの批判もあった。

これらの批判にはもっともな面もあったため、統合参謀本部は、陸海空の統合作戦の観点や陸・海・空・宇宙・サイバーのすべてのドメインを網羅した作戦構想である「統合作戦接近構想」（ＪＯＡＣ）[52]を発表した。さらに、２０１１年にはＡＳＢオフィスが統合参謀本部内に新設され、海空のみならず陸軍や海兵隊の人員も参加して検討を継続した。しかし２０１５年にＡＳＢオフィスは廃止され、統合参謀本部Ｊ－７（戦力設計や作戦構想を担当する部署）でＪＡＭ-ＧＣとして引き続き作戦構想のブラッシュアップが行われている。

３　戦略・予算評価センター（ＣＳＢＡ）訪問

前述したＣＳＢＡは、米国防省の政策策定者・決定者に21世紀の国家安全保障戦略や国防計画を提言してきた、独立・非営利の政策研究所である。

２０１５年3月、筆者は「日本戦略研究フォーラム」訪米団の一員として、ワシントンＤ.Ｃ.にあるこのＣＳＢＡを訪問した。訪問の目的は、日本（とくに南西諸島）の防衛をＡＳＢといかに連携させて人民解放軍のＡ２／ＡＤに対処するかを議論することにあったが、研究の中心人物であるジム・トーマス副センター長をはじめとする専門研究員たちと活発な意見交換ができたおかげで、ＣＳＢＡが考える最新のＡＳＢについて理解を深めることができた。

ＡＳＢは２０１０年の登場から数年を経て、間違いなく進化を遂げている。そして、その進化は、自衛隊が構築してきた「南西防衛構想」からの影響を色濃く受けたものだ。

52　ＪＯＡＣ：Joint Operational Access Concept

ＣＳＢＡのトーマス副センター長や海軍大学のトシ・ヨシハラ教授は、自衛隊の南西防衛構想を驚くほどよく研究していた。その研究成果をＡＳＢに反映することで、ＡＳＢを海空戦力中心の構想から陸上戦力も加えた構想（実質的にはAir-Sea-Land Battle）へと進化させていたのである。

そして進化したＡＳＢは、逆に自衛隊の構築してきた南西防衛構想をも進化させ得るものになっていた。南西の防衛とＡＳＢの相互作用を確認できたこと、そして西太平洋における米軍の作戦構想の概要を知ることができたことは、この訪問の大きな成果であった。

以下、ＣＳＢＡでの議論で出てきた主要な論点について紹介しておきたい。

第１列島線・南西諸島の重要性

ＣＳＢＡは、第１列島線の重要性を深く認識している。とくに、第１列島線の重要な一部分である南西諸島（九州南端から台湾北東にかけて位置する島嶼《とうしょ》群。大隅諸島、吐噶喇《トカラ》列島、奄美群島、沖縄諸島、宮古列島、八重山列島、尖閣諸島が北から南へと連なり、それらから少し東に離れて大東諸島がある）の重要性はよくよく理解し、これをＡＳＢの改善に活用しているほどだ。

南西防衛は、自衛隊からすれば日本の防衛そのものだが、米国からすれば中国軍に対するＡ２／ＡＤである。

そして、自衛隊が実施する南西防衛の成否（つまり中国軍に対する自衛隊のＡ２／ＡＤの成否）が、米軍のＡＳＢ成功にとって必要不可欠な要素であることも理解している。米国の理想は、自衛隊の南西防衛構想を、第１列島線を構成する他の国々（台湾、フィリピン、インドネシア）も採用することであり、この第１列島線防衛が完成すると中国軍のＡ２／ＡＤはその威力を発揮し得なくなる。

ＣＳＢＡのトップである、アンドリュー・クレピネビッチ同センター長は、論壇誌『フォーリン・アフェアーズ』の２０１５年３・４月号に「中国を抑止する方策：列島防衛のケース」（"How to Deter China: The Case for Archipelagic Defense"）という論文を発表している。その論文の中で彼は、第１列島線を構成する国々（日本、台湾、フィリピン、インドネシア）とベトナム、シンガポールなどの国々の自国防衛を連接することで成立する「列島防衛（Archipelagic Defense）」を提言（図表㉓参照）しており、彼のこの構想は、我々の考えとまったく同じである。

この提言は、我が国の南西防衛の考え方を参考にし、第１列島線全域に拡大させたものだ。これを抑止の観点から見れば、第１列島線を構成する国々（日本、台湾、フィリピン、インドネシア）が南西諸島の防衛を成功させる態勢を構築することで、中国の侵略（第１列島線の占領と利用）に対する拒否的抑止になる、ということである。

図表㉓　同盟国によるA2/ADの構築

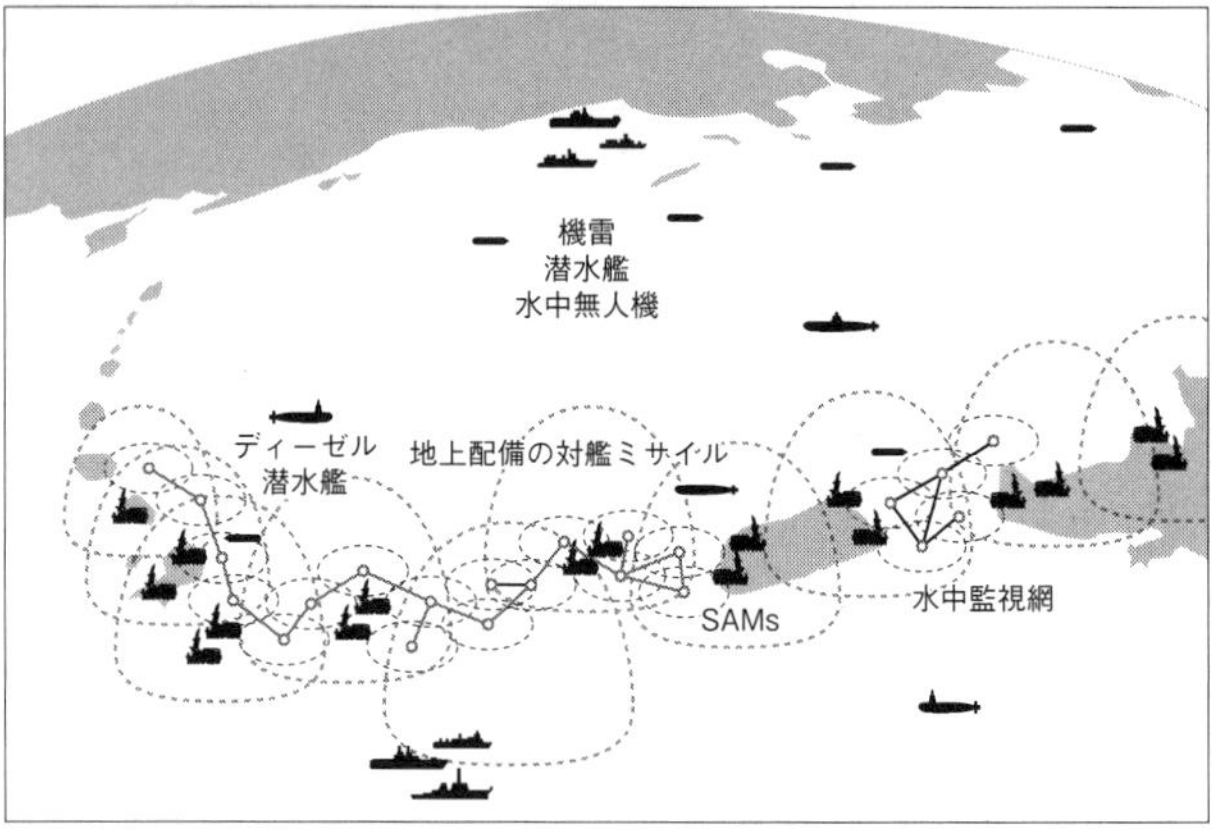

出典：CSBA

　これは以前から陸上自衛隊が構築してきた南西防衛という考え方を他の諸国の防衛にも当てはめたものであり、きわめて理解しやすい構想だろう。

　図表㉓は、上から順に中国本土、東シナ海・南シナ海、そして第1列島線を構成する米国同盟国や友好国の対中A2／AD態勢を示している。東シナ海・南シナ海で重要になるのは潜水艦、機雷、水中無人機（UUV）による水中優勢の確保だ。そして各国は、各々の領土において地上部隊が機動性のある地対艦ミサイルと地対空ミサイルを用いることで、中国軍に対するA2／AD態勢を確立しようという内容である。

　ただし、ここで問題になるのが、各国の防衛能力の差だ。日本の場合は、南西防衛を実行する能力を有しているが、台湾、フィリピン、インドネシアその他の国々にはその能力が欠けている。そしてその不足分については、米陸軍が協力することで補完しようというのが進化したASBにおける考え方である。

ちなみに、トーマス副センター長の説明によると、クレピネビッチ氏に代表されるCSBAの「抑止」とは、中国の侵略に対して空爆や海軍による封鎖など懲罰的抑止をするだけではなく、米国の同盟国の自国防衛努力によって、中国の侵略目的達成を拒否する拒否的抑止を加味することが適切であるという考え方に立っている。つまり、「拒否的抑止」と「懲罰的抑止」の組み合わせとバランスが大切だというのだ。

2010年版のASBは、中国本土に対する「攻撃」の意味合いが強かったが、現在CSBAが考えるASBとは、拒否的抑止も加えた、より洗練された構想になっている。

陸上戦力は海や空のドメインにも関与すべし

ASBにおける陸上戦力の役割については、陸上自衛隊とCSBAの認識は一致している。つまり、機動容易な陸上発射の対艦ミサイルと対空ミサイルを装備した陸上戦力が、海空戦力と連携してチョーク・ポイントを制することで、対中A2/ADを実施する。

この際、陸上戦力は沿岸に配置され、沿岸から対艦・対空火力を発揮し、海のドメインに存在する敵艦船の撃破や、空のドメインに存在する敵航空機の撃破に任ずる。

陸上戦力は海軍の作戦支援も行う。この支援についてCSBAは、南西諸島の島々の間の狭い海域を封鎖する目的で、陸上部隊が短距離ロケット、ヘリコプター、小型船舶を使い機雷を敷設する。あるいは敵潜水艦等の探知のため、低周波センサーや音響センサーを敷設する。ロケット発射により魚雷の敷設を支援するオペレーションを推奨している。

つまり、陸上戦力は、陸のドメインでの作戦のみならず、クロス・ドメイン作戦（ドメインをまたがる作戦）を実施せよというのである。

トーマス副センター長は、日本の陸上自衛隊が受け入れているこの役割を米陸軍は依然として受け入れていないと批判していた。アジア・太平洋における米陸軍の主要な役割は朝鮮半島有事における役割、つまり陸ドメインでの役割である――という古い考え方に固執している、というのである。

戦争発生前後における日米の役割分担

トーマス氏によれば、日米は戦争勃発の前後、役割を分担することになる。

日本が担うのはPOSOW（準軍事組織による、戦争には至らない作戦）や「忍び寄る侵略（creeping aggression）」など、日本的に言えば「グレーゾーン事態」に対処しつつ、南西諸島における対中国A2／ADを実施することである。一方で米国は、長距離爆撃のような「遠距離作戦」と、海軍による海上阻止（経済封鎖）などの「周辺作戦（peripheral campaigns）」を展開することになる。

むろん日米が共同で行わなければならないこともある。「基地など重要施設の強靭性強化」と「ネットワーク戦」の実施だ。とくに前者については、中国軍は、「まずミサイルで麻痺させ、爆撃機で全滅する」戦法を取るはずなので、戦前から徹底されていなければならない。中国は非常に多くのミサイルを保有しているほか、爆撃機H-6Kに関してはミサイル以上に圧倒的な量の爆弾を保有しているからだ。

この中国軍のミサイルと爆撃機の脅威に対して、日米の側は、施設の強度向上、航空機などの分散、デコイ（本物の目標と誤認させる〝ニセモノ〟）の設置、燃料の地下設置などをあらかじめ進めておく必要がある。航空機分散訓練、デコイの移動訓練、高速道路の活用などは平時から頻繁に行っていれば、施設の強靭性を高める上で大きな効果が期待できる。

尖閣紛争は日本が独力で対処することになる

「グレーゾーン事態」についてはもう少し詳しく触れておこう。

ロシアがクリミア併合に際し実施した「曖昧ハイブリッド攻撃」（ambiguous hybrid attack

と呼ばれている）や、中国の南シナ海などにおける「準軍事組織による、戦争には至らない作戦（POSOW）」は、いずれもこのグレーゾーン事態に該当する。

これらの事態に対してはあくまで当事国が対処する責任があり、こういった事態まで米国に頼ることはできない。

尖閣諸島をめぐる日中間の紛争が発生した事態を想定して議論をすると、日本人には「このとき米国は何をしてくれるのか？」と聞いてくる人がとても多い。だが、CSBAのみならず、多くの米国の安全保障専門家は、「尖閣をめぐる紛争は日本が単独で中国に対処すべきだ」という意見である。私も、彼らのこの主張は当然だと思う。

尖閣紛争に対しては日本が独力で対処するという覚悟を持たなければいけない。尖閣問題については、平時からグレーゾーン事態まで一義的に海上保安庁が対処をしているが、さらに事態が悪化し、海上保安庁の能力を超えてしまった場合は自衛隊で対処することになる。

遠距離からの作戦と周辺作戦

先程も述べたが、米軍はASBにおいて遠距離からの作戦を担当する。そのため、西太平洋地域に多様な航空基地を確保し、長距離有人爆撃機や無人戦闘航空システム（UCA

図表㉔　遠距離作戦

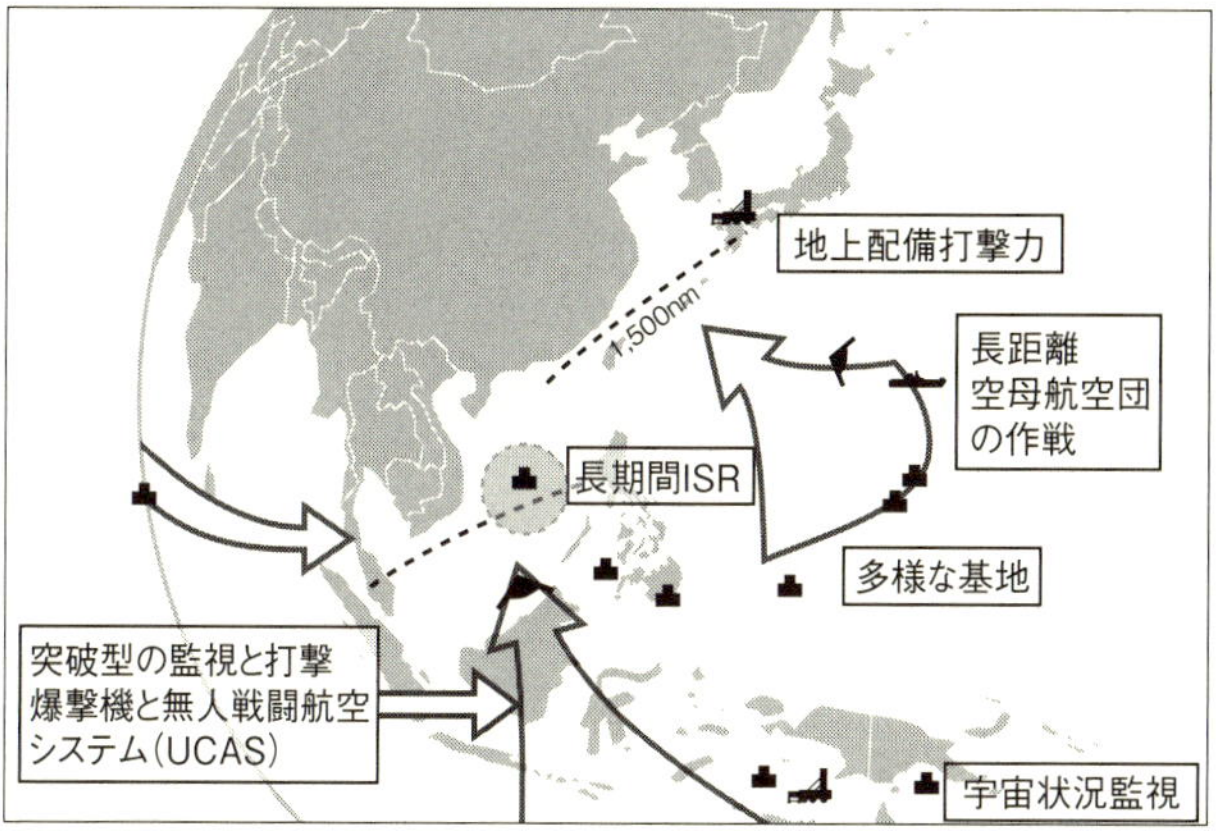

出典：CSBA

S[53]）による突破・監視・爆撃、1500kmの行動半径を有する地上配備の航空打撃能力、空母飛行部隊による作戦、長期間ISR（情報・監視・偵察）、宇宙の状況監視を行う（図表㉔参照）。

　また米国は周辺作戦を実施する。全世界的には、資源阻止（Resource Interdiction）、サイバー戦、宇宙のコントロール、代理紛争を実施する。

　西太平洋では、海上阻止（Maritime Interdiction）、海上ドメイン認識（MDA：Maritime Domain Awareness）、商船の誘導・エスコート、新たな基地の確保などの作戦を実施する。ASBでは海上封鎖はとくに重要な作戦となっている。これらも米軍の役割である。

作戦目標はどこに置くべきか

中国軍に対する作戦目標をどこに設定するかは、何をもって戦争終結とするかを決めることにもつながるため、きわめて重要となる。

この点に関してトーマス氏は、「撃破すべき第一の目標は中国海軍（つまり中国海軍の主要艦艇）」で、「第二が空軍（の航空機）」と断言していた。中国の海軍力に打撃を与えれば、中国本土への打撃を行う必要性が低下し、戦争のエスカレーションの抑制につながるからだという。

同氏は、中国本土への（縦深）攻撃目標に関してはC4ISRの弱点（指揮統制システムの弱点、移動させるのが難しいOTHレーダーなど）、空港、港とすべきであり、同時に、紛争のエスカレーションを避ける観点を持つことが重要だと指摘していた。

紛争初期における米軍の一時後退・分散問題

ASBでは中国軍に対する防勢作戦初期（第1段階）において、米軍の一部（例えば空母などの海軍の大型艦艇）が、中国軍のミサイルによる損害を避けるために、第1列島線付近から一時的に後退する可能性が高い――その点はすでに述べた。

この後退は、米軍の戦術行動としては一理あるが、日本ほか、同盟国にとっては耐えられない、納得しがたい行動でもある。筆者をはじめとする日本の防衛関係者も「この問題はひとつ間違えば日米同盟関係の信頼性に悪影響を与えかねない」と考え、ＣＳＢＡには、とくに念を入れて問いただした。

対するＣＳＢＡの答えは、「その時々の状況による」というものだった。空母などが後方に分散・退避することもあれば、第１列島線に踏みとどまって戦うケースもありうる、というのだ。「『後退』よりは『分散』という言葉を使いたい」とも言っていた。

空軍の航空機に関しては後退ではなく、被害を避けるための分散（disperse）や陣地施設の強化（hardening）による強靱化（resilience）によって生き残り、事後の作戦を実施するという。嘉手納に１００機程度の航空機が密集する状態は明らかに脆弱であり、分散するのは当然である、というロジックである。

作戦期間は短期？　長期？

米軍との全面的な長期戦争を本気で考えているわけではないであろうが、中国軍は現

53　ＵＣＡＳ：Unmanned Combat Air System

在、第1列島線の国々に対する地域・規模・期間を限定した地域戦争（local war）を念頭においた演習を行っている。その地域戦争は「短期激烈戦」（short sharp war）と表現されており、読んで字のごとく、短期間だが激烈な戦いになると想定されている。

だがトーマス副センター長によると、いかに「短期」と言っても1～2週間で終了するようなものにはならず、実際には数週間以上かかるはずだという。このため、日本などの国々の抗堪力と継戦能力は重要となる。

水中優勢の重要性

作戦においては海上及び航空での優勢が死活的に重要なのは言うまでもないが、理想は宇宙とサイバー空間を含むすべてのドメインで優勢となることである。

これらのドメインのほかにもう一点、その重要性に関して日米の認識が一致しているのが「水中での優勢」だ。水中での優勢を左右するのは主に潜水艦だが、機雷戦も同様に重要視される。

この点、後述するように、日米の潜水艦戦力は中国海軍のそれを圧倒している。中国軍は対潜水艦戦（ASW）能力が低いため、日米が共同で水中優勢を確保することは十分に可能だろう。

新兵器の実戦配備に期待

ただし、中国によるミサイルの飽和攻撃（同時に多数のミサイルを使用する攻撃）に対しては、現在の兵器体系のみでは対応困難と言わざるをえない。これを克服するために期待されるのが、新兵器の早期開発・実戦配備である。

新しい兵器には、ミサイル、ロケット、砲弾などの目標物に対し、兵器操作者が意図した方向にエネルギーを直接照射することで破壊、機能低下させる「指向性エネルギー兵器」（DEW：Directed Energy Weapon　高出力レーザー兵器や高出力マイクロ波兵器を指す）のほか、電磁誘導（ローレンツ力）によって弾丸を加速させ、火薬を使うことなく音速の7倍で発射する「電磁レールガン」がある（本章6節で詳述）。CSBAの予測では、高出力レーザー兵器は5年以内、高出力マイクロ波兵器は5～10年で実戦配備可能であるという。電磁レールガンも10年以内で実戦配備可能になると思われる。

総じて今回のCSBA訪問では、我々が積み上げてきた南西防衛の考え方をCSBA側がすでに受け入れていたがために日米相互の意思疎通が驚くほどうまくいった。

さらなる改善を要する点も当然ながらあったものの、何をどう改善すべきかについての議論では、CSBA側が常に技術的・予算的な裏づけを考慮した議論を示してくれたこともあり、非常に参考になった。

4 ＡＳＢを補完する米国式Ａ２／ＡＤ

Ａ２／ＡＤは中国の専売特許ではない。米国も中国に対するＡ２／ＡＤを同盟国や友好国の協力を得て実施し、ＡＳＢの実施を容易にしようとしている。

繰り返しになるが、陸上自衛隊の南西諸島における防衛構想は、我が国の防衛作戦であると同時に米国の視点では「中国軍に対するＡ２／ＡＤ」となる。このことを理解している人は少ないが、米国の狙いはここにある。対中国Ａ２／ＡＤは、中国海軍や中国空軍が第１列島線に接近することを阻止し、第１列島線の利用を拒否する構想である。

我が国が中国に対するＡ２／ＡＤを実施するならば、第１列島線を構成する南西諸島を死守して各島々を不沈空母とし、さらに中国海軍・空軍に対して火力を発揮し、その接近を阻止する必要がある。

「米国式非対称戦[54]」

米海軍大学の教授であるトシ・ヨシハラとジェームズ・ホームズの共著『米国式非対称

戦』は、まさに米国式の対中国A2／ADを論じたもので、日本の防衛とASBを考える上で多くの示唆を与えてくれる。同書の主要論点は、おおよそ以下のとおりだ。

●東アジアにおけるASBは、中国が対象と明言すべきである。

●陸上戦力をアジアの第1列島線及び南西アジアの特定の地点に配置することでASBを改善することができる。

●米国単独で中国軍のA2／ADに対抗するのではなく、同盟国を使い中国軍に戦闘力の分散を強いる。最も適した場所は琉球諸島（筆者注：これはヨシハラとホームズの呼称で、実際には南西諸島を指すため、以下南西諸島と記述する）であり、そこにA2／AD部隊（陸自の88式地対艦誘導弾や地対空ミサイルなどの部隊）を配置することにより、中国軍の水上艦艇、潜水艦、航空機のチョーク・ポイント通過を阻止することができる。これらの島々は中国にとって占領するほどの大きな価値がないため、戦争のエスカレーションも防止できる。

●中国軍に対するA2／ADを実施する場所は、南西諸島のみならず朝鮮半島の韓国、ル

54 Toshi Yoshihara, James R. Holmes, “Asymmetric Warfare, American Style”, Proceedings Magazine, April 2012

ソン海峡を制するフィリピンのルソン島である。米国と日・韓・比が中国軍に対して同時に複数正面の前線を開けば、中国軍は第1列島線に封じ込められたと認識するだろうし、北から南への移動にも危険を感じるだろう。

●第1列島線にA2／AD能力のある陸上戦力を展開することにより、中国軍に犠牲を強い、中国軍の戦力の分散を図る。これにより米海空軍の作戦を容易にし、最終的には中国軍の侵攻を断念させる。この態勢を中国軍に示すことで抑止を達成する。

●同盟国の配置部隊は、ASBが描く中国本土の目標に対する打撃ではなく、その致命的な打撃を公海などの公共空間（in the commons）で作戦する中国軍部隊に限定することになる。この地理的な制限は、核攻撃に至るエスカレーションの可能性を減少させることになる。

●陸上・海上戦力が対中作戦において有効であるという事実は、平時における米国と非同盟国（シンガポール、ベトナムなど）との米軍のアクセス（例えば米陸上部隊の駐留など）をめぐる外交交渉を容易にする可能性がある。

●米国とその同盟国が適切に部隊を配置し、適切に兵器を装備することは、地図上にラインを引くことになる。中国軍のA2／AD部隊がそのラインを越えれば、堅固で致命的な抵抗に遭うことになる。接近阻止と領域拒否は双方で機能するのだ。中国軍の作戦空間は沿岸地域に限定され、海空の回廊の使用は強い抵抗に遭うことになる。

以上見てきた『米国式非対称戦』の趣旨は、南西諸島を舞台とした陸上自衛隊の南西防衛の中核的な考え方を明らかに受け入れている（模倣している）。つまり、陸自の地対艦誘導弾や地対空ミサイルなどの部隊を各島に配置し、中国軍の水上艦艇、潜水艦、航空機のチョーク・ポイント通過を阻止するという発想である。

日本にとって対馬〜九州〜南西諸島〜与那国は固有の領土であり、対艦・対空ミサイルを島々に配置することによる中国艦艇・航空機・ミサイルへの対処構想にしても、自国の領土を防衛する一つの手段にほかならない。一方で、国力が相対的に低下している米国にしてみれば、米国単独で中国軍に対抗するのではなく、第1列島線を構成する同盟国や友好国を使って中国軍に対抗するのは至極当然の発想である。

『米国式非対称戦』は、この利点が同時に、ASBへの批判点（核戦争へのエスカレーションの危険性）を回避する手段になっているとも述べているが、この主張はおおむね妥当だと思われる。

しかし、第1列島線で戦う同盟国・友好国から見れば、「米軍は中国本土を戦場にするのを避けるために、我々の領土・領海・領空周辺を戦場とするのか」との不満は残るであろう。これは同盟国を犠牲（より厳しい表現をするなら「踏み台」）にして作戦を遂行するということでもあり、米軍にとって手前味噌な発想という側面は否定できない。

5　第3次相殺戦略

ＡＳＢの成功を、技術面・兵器面でサポートする戦略に「相殺戦略（Offset Strategy）」がある。これは「自陣営が優位な技術分野をさらに質的に発展させることで、ライバル国（中国やロシアなど）の量的優位性を相殺（オフセット）しようとする戦略」であり、要は相手の量に対して質で勝負しようというものである。

相殺戦略は、国防省のロバート・ワーク国防副長官が軸となって検討を進めている「国防イノベーション構想（ＤＩＩ）」と密接な関係がある。ＤＩＩは、米国がライバル国に対して長期的に軍事的優勢を維持、強化するための構想であり、相殺戦略はその構想の柱の一つなのだ。

米国は、これまで二度にわたり相殺戦略を採用してきた。第1次相殺戦略は、1950年代、ドワイト・アイゼンハワー大統領が採用したニュー・ルック戦略である。ソ連の膨大な通常戦力に対し、質的に優位に立つ核兵器（水爆、小型原爆）、長距離爆撃機（Ｂ52）とミサイル（ＩＣＢＭ、ＳＬＢＭ）で対抗した。

第２次相殺戦略は、冷戦時代の真っただ中だった１９７０年代、ハロルド・ブラウン国防長官が採用した。ソ連の量的に優勢な通常戦力に対し、質的に優位に立つステルス爆撃機（Ｆ‐１１７、Ｂ‐２）、精密誘導兵器（ＡＴＡＣＭＳ）、Ｃ４ＩＳＲ（ＪＳＴＡＲＳ、ＧＰＳ）の改善で対抗した。

そして２０１４年末、今度は中国やロシアのＡ２／ＡＤといった脅威に対抗する目的で、第３次相殺戦略が公表されたのである。

以下、「第３次相殺戦略」の概要を、２０１４年末にＣＳＢＡが発表した資料[55]に基づいて説明したい。資料によると第３次相殺戦略は、当初は中国のＡ２／ＡＤへの対抗の意味合いが強かったが、クリミア併合以降の地中海東部でのロシアによるＡ２／ＡＤ、あるいはシリアでの航空攻撃などを分析した結果、ロシアの脅威が改めて認識されるに至った。そのため、中国に加えてロシアも相殺戦略の主たる対象に含められた。

第３次相殺戦略が重視する五つの優越分野

第３次相殺戦略では、中国軍のＡ２／ＡＤ能力が今後さらに進化していく状況下におい

55 Robert Martinage, "TOWARD A NEW OFFSET STRATEGY", CSBA

て、米国が長期にわたって維持すべき五つの技術的優越分野として、「無人機作戦」「長距離航空作戦」「ステルス航空作戦」「水中作戦」「複合システム・エンジニアリングと統合」が想定されている。以下、各分野について説明していきたい。

無人機作戦

米国は、無人機システムの開発と運用、人工知能と自律化技術における世界のリーダーである。無人機システムは、有人航空機に比較して低いライフサイクル・コストを提供する。現行及び計画中の無人機システムは、主として短・中距離の無人機であり、ほぼすべての機がステルス性に欠けているという問題がある。したがって、無人機部隊を以下の三つの新たな残存能力のある長距離システムを調達することで最適化を図る。

①ステルス性を有する高高度長時間滞空（HALE）ISR無人機システム
②ステルス性を有し、再給油可能な陸を基地とする無人戦闘航空システム（UCAS）
③ステルス性を有し、再給油可能な海を基地とする無人戦闘航空システム

長距離航空作戦

爆撃機は、対応時間の短い侵略に対して、迅速かつグローバルな対応を可能にし、長距

離の戦闘半径に優れるが、長期間かつ長距離の作戦では乗組員の疲労が制約事項となる。

現行及び計画中の航空機は、有人での短距離戦闘・攻撃機に重点を置き過ぎている。中国のA２／ＡＤ能力の向上により、米国の前方展開基地（例えば沖縄の嘉手納基地）が脆弱になり、また、米海軍の空母も対艦弾道ミサイルの脅威を受ける時代になっているので、より長距離からの作戦の重要性が認識されている。

ステルス航空作戦

米国は、ステルス航空機の設計・製造・作戦遂行能力において大きな質的優位を保持している。ステルス機は、敵が侵入を拒否する空域での精密攻撃を可能にする。空軍の現行及び将来の計画では、非ステルスな航空機に大きな重点が置かれている。

Ｆ－35とＦ－22は、第４世代戦闘機よりはステルス性が高いが戦闘半径が短い。Ｆ－35のステルス機能でさえ完全ではないと言われる状況で、さらにステルス性を高めた航空機（とくに爆撃機）による作戦の重要性が認識されている。

水中作戦

攻撃型原子力潜水艦（ＳＳＮ）は、Ａ２／ＡＤ環境下でも作戦可能であり、水中では中国軍よりも圧倒的に優勢である。米海軍は本来、水中打撃能力を増強すべきなのだが、現行及び将来的な海軍の計画では、潜水艦ではなく水上艦艇に重点が置かれている。今後は、無人海洋システム(無人潜水艦、無人水上艇など)を活用した作戦を重視すべきである。

複合システム・エンジニアリングと統合

広範囲に展開する兵器システム(航空機、爆撃機、空母等)とC4ISRを連結させる「グローバルな監視・打撃」ネットワークが典型だが、多数のシステムを統合する技術の開発と、その技術に基づくネットワークの構築が重要となる。

第3次相殺戦略が想定する技術と兵器

五つの優先分野における具体的な技術・兵器については以下のものが挙げられよう。

厳しい環境下でも相手の縦深深くに侵入できる高高度長期滞在無人航空機(RQ-4グローバル・ホーク後継のステルス機)や艦載無人攻撃機(X-47Bが有名)、あるいは長距離爆撃機(LRS-B)、電磁レールガンや高出力レーザー兵器などである。

これらCSBA相殺戦略が推奨する技術は、エア・シー・バトル(ASB)を遂行する上での難問(中国本土の縦深深くに位置する目標への打撃や、中国軍によるミサイル飽和攻撃への適切な対処）を解決するものであり、重大な意味を持つ。これらの兵器、とくに電磁レールガンと高出力レーザー兵器は、我が国の防衛にとってもきわめて重要な分野であり、今後とも相殺戦略には注目する必要がある（電磁レールガンについては次節で詳述する）。

また、第3次相殺戦略の五つの優越分野が達成されると、それぞれが連結されることで、グローバルな監視・打撃（GSS：Global Surveillance Strike）ネットワークが完成する。GSSは以下のような特徴を持っているがゆえに、米国が本来備えているグローバルな戦力投射能力がさらに強化される。

・強靭性＝防空の脅威に対する脆弱性を最小限にできる
・即応性＝監視・打撃を決断した数時間以内に実施可能
・拡張性（scalable）＝世界中の複数地点で同時に起こる事態に拡張可能

国防省による相殺戦略の軌道修正

以上がCSBAが発表した第3次相殺戦略の概要だが、国防省内部での検討状況はどうなっているのか――これを2017年度の国防予算案を読み解きながら解説してみたい。

56 Aaron Mehta, "Defense Department Budget: $18B Over FYDP for Third Offset", Defense News

図表㉕　グローバル監視・打撃ネットワーク

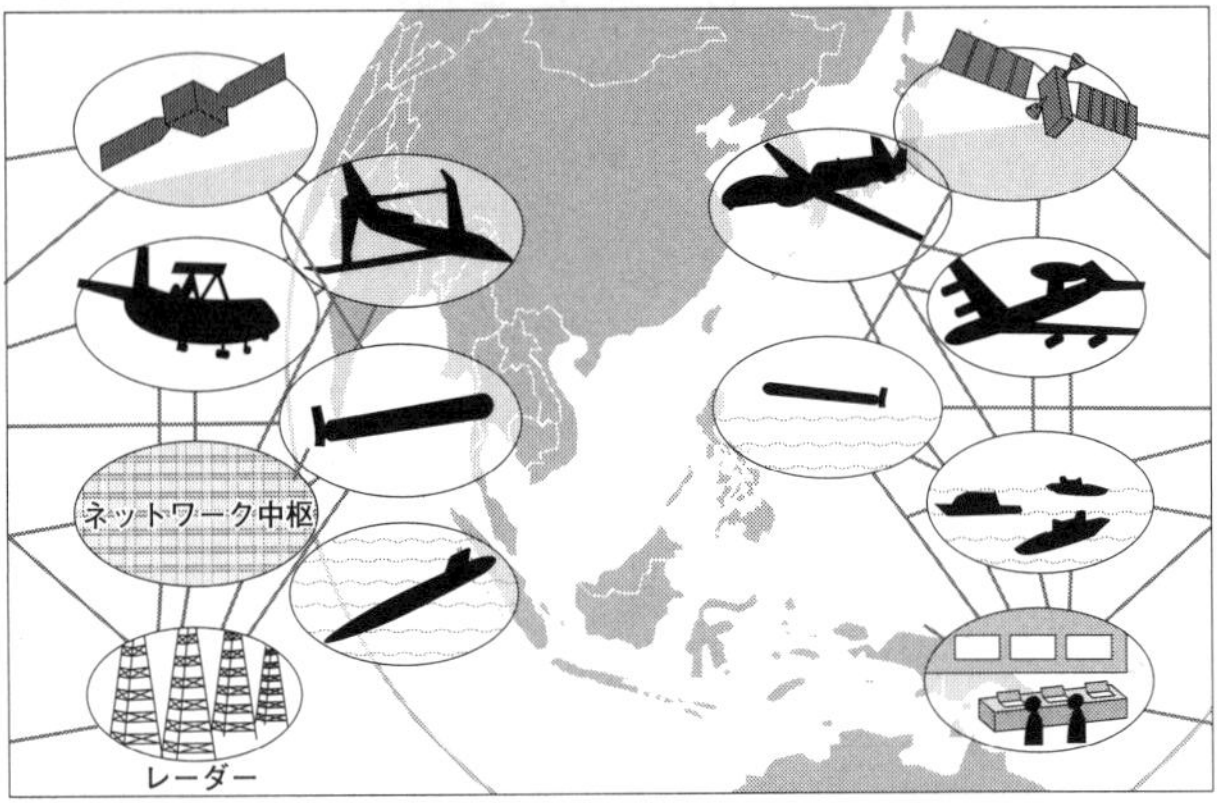

出典：CSBA

なお、以下の記述は、主に『ディフェンス・ニュース』[56]をはじめとする三つの資料を参考としている。

国防省内部で検討を経た結果、CSBAの相殺戦略はいくつかの変化があったようである。一例では、目玉の一つであった無人の長距離爆撃機（LRS-B）ではなく、有人の長距離爆撃機の採用がすでに発表されているし、もう一つの目玉であった空母艦載無人攻撃機（N-UCAS）にしても、無人の空中給油機を空母に艦載し、F-35などの活動時間の延長、航続距離の延伸を図るという計画内容となった。

年度予算レベルではより現実的な事業を採用する傾向にある。そのためか革新的な技術を採用した兵器の開発だけではなく、既存の兵器の改善も相殺戦略として位置付けられている。その例が、艦対空ミサイルのＳＭ－６を対艦ミサイルに改造する事業、既存のバージニア級攻撃型潜水艦を改善しミサイル搭載量を3倍にする事業、トマホークを改善し対艦ミサイルとしての能力を付与する事業などだ。いずれもさほど多額の予算を必要とせず、技術的にも達成容易であるがゆえに、現実的とされている。

そのほか国防省の相殺戦略は、陸軍関係の誘導弾を発射可能にするＭ１０９Ａ７自走榴弾砲のような従来型の兵器、ロボット兵器なども含んだ内容となっている。

国防省の相殺戦略の六つの主要事業

今回の２０１７年度国防予算案で明らかになった第3次相殺戦略の六つの主要事業は以下のとおりである。

●接近阻止／領域拒否対処（Ａ２／ＡＤ）
●水中戦（潜水艦及び水中脅威対処）
●人間-機械の連携・協力（human-machine collaboration and teaming）
●サイバー・電子戦
●誘導弾対処

●ウォーゲーム及び作戦構想作成

相殺戦略の予算には180億ドルが割り当てられており、その内訳はA2／AD技術研究用として30億ドル、潜水艦及び水中脅威対処用として30億ドル、人間-機械の連携・協力用として30億ドル、サイバー・電子戦用として17億ドル、誘導弾対処用として5億ドル、第3次相殺戦略のウォーゲーム及び作戦構想作成用として5億ドルなどである。

ロバート・ワーク国防副長官によると、国防省の分析能力向上のための自律ディープ・ラーニング能力を持つマシーンやシステム、意思決定を支援する人間-機械の連携、映画のアイアンマン（Iron Man）が着用しているボディスーツのような新技術により、戦場における人間の活動を援助するための人間支援作戦、無人システムと協働する人間-機械の連携、準自律型の兵器システムが焦点となる。

なお、有人システムと無人システムのチームについては、例えば陸軍のアパッチ攻撃ヘリと無人機グレイ・イーグルとのチーム、海軍の哨戒機P-8ポセイドンと無人機MQ-4Cトライトンとのチームの例がある。

第3次相殺戦略の評価

このようにCSBAの相殺戦略は、国防省内部での検討を経た結果、内容が若干変容しているものの、より現実的な形で骨子が生き残っている点を評価したい。

CSBAが強調する米国の五つの優越分野（無人、長距離、ステルス、水中作戦、システム統合）は、中国やロシアのA2／ADに対抗するためにはいずれ避けては通れない分野だ。軍事技術の進歩と予算の制約を克服し、中長期的には実現されるであろう。

その意味で国防省がDIUx（Defense Innovation Unit Experimental）オフィスをシリコンバレーに開設し、革新的技術や人材を獲得しようとする試みを行っているのは評価できる。人工知能、ICT、無人機システムの開発などで最先端を行くシリコンバレーのイノベーションを相殺戦略に取り入れていくことになるだろう。

ただし、CSBAの相殺戦略の目玉装備品が採用されていない事実は、米海軍や米空軍の軍事力整備の方向性と必ずしも一致していないことを示している。

例えば、CSBAは中国の対艦弾道ミサイルに脆弱であるとして空母などの大型艦艇を軽視するが、これは海軍にしてみれば異論があるだろう。潜水艦による水中作戦の重要性は認めるにしても、水上艦艇と水中作戦の両輪が揃ってこそ、初めて効果的な作戦が可能となる――そう主張したいはずである。空母艦載無人攻撃機を採用しなかったあたりも、大変革でなく、漸進的かつ着実に軍事力整備を進めたい国防省の意思が読み取れる。

また空軍にとっても、無人機の重要性を強調するあまり、F－35のような短距離有人機を否定されれば反論もしたくなるだろう。空軍が無人の長距離爆撃機（LRS－B）ではなく、有人の爆撃機を採用した事実からは、現実的な兵器を追求する姿勢が明らかである。ただ私は、長期的に見れば戦闘機や爆撃機の無人化やAI化の流れに抵抗することはやはり難しいのではないかと思う。

例えばCSBAは、将来の戦闘機の空中戦について、敵に勝る射程のミサイルとレーダーの保有により視程外（BVR：Beyond-Visual-Range）での先制行動、つまり「先に発見し、先に射撃し、先に撃破する」（First Look-First Shot-First Kill）が可能になった以上、空中戦のプラットフォームはF－35のような高価な有人戦闘機である必要はないのでは――と主張している。この主張は、将来の我が国の防衛力整備にも大きな影響を与える論点だ。

第3次相殺戦略は、中国のA2／ADに対処する作戦構想としてのASBを補完する戦略だが、陸軍に関連する分野がほとんどないのが特徴である（そもそもASBからして海軍と空軍主体の構想であったゆえに陸軍の影が薄いことは先にも述べた）。

だが、朝鮮半島や欧州での紛争を考えた場合に、米陸軍を抜きにした作戦は考えられない。陸軍の155ミリ自走榴弾砲パラディンの飛翔体の改善やロボットの予算が2017年度に計上されているが、今後のさらなる検討を期待したい。

6　衝撃の新兵器――電磁レールガン

米海軍が開発中である電磁レールガン（以下＝レールガン）や指向性エネルギー兵器についてはすでに言及しているが、我が国の防衛にとっても重要なポイントであるので、ここで詳述しておきたい。

筆者は、以前からこれらの兵器に注目してきた。なぜなら、こうした新兵器が完成し、実戦配備されれば、中国やロシアのA2／ADの脅威、とくに対艦弾道ミサイルや対地弾道ミサイルの脅威を大幅に削減することができるからである。

米軍にとっては、レールガンの装備により、アジアの作戦地域への接近が再び可能となる。つまり、ASBで想定される「空母など大型艦艇の損害を避けるために、紛争直後に一時期、中国の対艦弾道ミサイルの射程外に後退させる」といった〝後退〟作戦が不要となり、日米同盟の信頼性の向上にも寄与することが期待できる。さらには、我が国の重要施設（空港や港湾など）や南西諸島の防衛において、諸外国による各種ミサイルの攻撃や航空攻撃に対して有効に対処できる可能性が増大する。

レールガンの開発状況

ＷＳＪ（ウォール・ストリート・ジャーナル）は２０１６年5月30日付の紙面で、レールガンの能力と安全保障に及ぼす影響について、「米国のスーパーガン」という表現を用い、かなりセンセーショナルに報道した。

レールガンは、従来の火薬ではなく、強力な電磁誘導の力（ローレンツ力）によって弾丸を加速して飛ばす「究極の砲」で、航空機・ミサイル・戦車など、ほぼすべての目標を破壊できる。米海軍が開発中のレールガンの場合、７２４０㎞／ｈ（マッハ６）まで加速可能で有効射程は２００㎞、１分間に10発の射撃が可能だという。

ＷＳＪの記事は、レールガンの弾体（超高速飛翔体という。英語表記ではＨＶＰ）を誘導する技術の開発はほぼ完了していると伝えている。スーパーコンピュータを使って狙いを定め、スマートフォンの技術（ＧＰＳを使用）を使って軌道を修正する。

レールガンに使用する弾体の開発は、レールガン全体の開発よりも早く完成する予定だ。レールガンだけでなく、既存の海軍艦艇の砲（5インチ砲、6インチ砲）や陸軍の榴弾砲からの発射も可能で、射程延伸（6インチ砲で24㎞から60㎞への射程延伸、陸軍の１５５ミリ榴弾砲で約30㎞へ延伸）や威力の増大の効果がみこめるという。弾体のプラットフォームを選ば

図表㉖　ズムウォルト級駆逐艦

Photo: U. S. NAVY/AFLO

ない使い勝手の良さが素晴らしい。将来的に電磁レールガンを採用しなかったとしても、超高速飛翔体は他のプラットフォームで使えるだろう。

米国防省で先進技術の開発を担当し、第3次相殺戦略の担当者でもあるロバート・ワーク国防副長官がレールガンの推進者の一人であるという点も、レールガンが将来的に非常に有望な兵器であることを示唆している。

一方、レールガンの運用には25メガワット（1万8750世帯の電力を賄える電力）程度の発電装置と大規模な蓄電設備が必要になる。そのため、レールガンを搭載可能な艦艇は限られる。現在、搭載が予定される最有力な艦艇は、ズムウォルト級（Zumwalt-class）駆逐艦で、78メガワットの電力能力を持っている

（もちろん地上設置型のレールガンも有力である）。

レールガン全体の開発は、今後10年以内には完成し、実戦配備されることになると予想されている。ＯＮＲ（海軍研究オフィス）の公式ウェブサイトによると、レールガンのプロジェクト（ＩＮＰ）は、２００５年に開始され、第1段階の目標である32メガ・ジュールの砲口エネルギーを達成したという。このエネルギーだと弾体の射程は１６０㎞となる。

第2段階では、1分間に10発の発射速度を達成し、発射に伴い発生する熱を管理する技術の開発を目指すという。

このウェブサイトでは、レールガンはその迅速性、カバーする範囲の広さ、長射程、破壊力の大きさなどから「ゲーム・チェンジャー」（戦いにおける優劣を根底から覆すような、新しい技術、兵器、戦法、戦略）であると宣伝されている。

レールガンとあわせて有力視される「指向性エネルギー兵器（ＤＥＷ）」は指向性のエネルギーを目標のミサイル、ロケット、砲弾などに直接照射し、これを破壊したり、機能低下させる兵器である。２０１５年3月に私がＣＳＢＡを訪問して将来の作戦構想について議論した際、ＣＳＢＡは図表㉗を示しながら、今後5～10年のうちに実戦配備される可能性のある兵器は、レールガンと、指向性エネルギー兵器である固体レーザー（ＳＳＬ：Solid State Laser）、高出力マイクロ波（ＨＰＭ：High Power Microwave）兵器である旨、説明し

図表㉗　レールガンなどによるミサイル防衛

新しい指向性エネルギー防御
- 固体レーザー（SSL）と化学レーザー：航空機及び巡航ミサイルに対処
- 高出力マイクロ波兵器：航空機及び巡航ミサイルに対処、弾道ミサイルへの対処の可能性
- 電磁レールガン：航空機、巡航ミサイル及び弾道ミサイルに対処

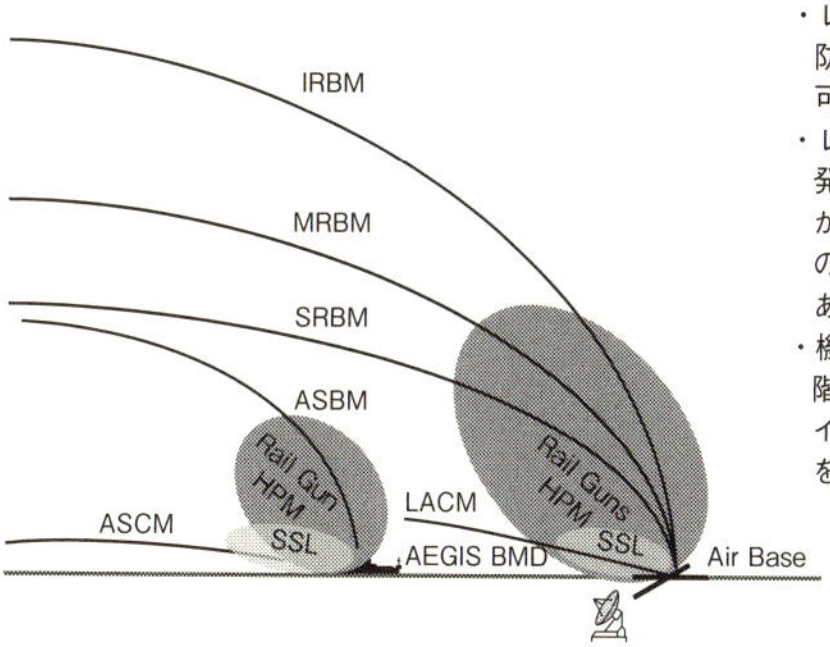

- レーザーと高出力マイクロ波防御は5年以内に配備される可能性がある。
- レールガンは、5〜10年で開発が完了する可能性があるが、185km（100nm）以上の長距離で迎撃する可能性がある。
- 機動性や輸送性のある終末段階の防御は、航空攻撃やミサイルの脅威に対処するコストを削減できる。

出典：CSBA

てくれた。実戦配備の時期はＳＳＬとＨＰＭが５年以内、レールガンが５年から10年とＣＳＢＡでは見積もっている。

　１発あたりのコストの比較では、レールガンが３万５０００ドル（ミサイルのコストの20〜60分の1）、化学レーザーが１０００ドル、ＳＳＬとＨＰＭにいたってはわずか10ドルである。

　図表㉗は、固体レーザー（ＳＳＬ）、高出力マイクロ波（ＨＰＭ）兵器、レールガンが水上艦艇に搭載され、イージスＢＭＤ（弾道ミサイル防衛）の一部として運用された場合、そして航空基地に配置して使用された場合の用途を記述している。

水上艦艇に搭載された場合

対艦巡航ミサイル（ASCM）に対しては主としてSSLが対処し、対艦弾道ミサイル（ASBM）に対してはレールガンとHPMで対処する。

地上（航空基地など）に配備された場合

レールガンやHPMがカバーする範囲は大きく、敵の中距離弾道ミサイル（IRBM）、準中距離弾道ミサイル（MRBM）、短距離弾道ミサイル（SRBM）、対地巡航ミサイル（LACM）のすべてに対処可能となる。つまりレールガンの地上配備により、基地防護や重要施設の防護が可能になる。SSLは対地巡航ミサイル（LACM）に対処可能である。

レールガンやDEWが米軍に及ぼす影響

現在の米軍、とくに海軍の空母をはじめとする大型艦艇にとって、中国のA2／AD能力は大きな脅威である。中国の人民解放軍は、「空母キラー」の異名を取る対艦弾道ミサイルDF-21Dを筆頭とする複数の対艦ミサイルを幾重にも配備しており、これらのミサイルによる飽和攻撃に対し、現在の防衛システムは対処困難と考えられているためだ。

だが、1分間に10発の射撃が可能であるレールガンを主体としたミサイル防衛システムが構築されれば、中国、ロシアなどの各種ミサイルによる攻撃や航空攻撃の脅威が軽減され、これまでは接近できなかった地域（日本周辺も含む）での作戦が可能になる。

またレールガンを地上に配備すれば、地上部隊のみならず、空港や港湾などの重要施設の防護が可能となる。これは、中国のミサイル攻撃や航空攻撃に対する、在日米軍基地の脆弱性を解消することを意味する。

何度も繰り返すが、最大のポイントは米軍の前方展開戦略が可能になることだろう。

ASB作戦構想では、紛争初期において中国のミサイル攻撃を避けるためその射程外に一時的に下がらなければならない、という弱点があった。これは日米同盟の信頼性にとっても大きなマイナスだったが、レールガンの導入は、この後退行動を不要にする（レールガンやDEWが日本の防衛に及ぼす影響については第5章で記述する）。

なお、前方展開が可能になるということは、米本土周辺から遠距離の作戦を強いられる状況が緩和されるということでもある。第3次相殺戦略で考えられていた長距離爆撃機や無人機システムの活用などについても、再検討が必要になってくるだろう。

7　米国のサイバー戦

近年、中国発とされる執拗なサイバー戦を受けてきた米国防省が、２０１５年4月に満を持して発表したのが、サイバー戦略"THE DOD CYBER STRATEGY"だ。

米国の国益を侵すサイバー攻撃に対する「抑止」と防御的な態勢の構築を重視したものだが、必要ならば国際法及び国内法に適合する交戦規定にのっとり、「その他の選択肢（筆者注：サイバー攻撃など）を採用する意思がある」点も明言された。

米国防省では２０１２年、国防省のサイバー任務を遂行するために６２００人規模の「サイバー任務部隊」（ＣＭＦ：Cyber Mission Force）の編制を開始しており、２０１８年までに１３３のチームを編制し、サイバー防衛・抑止態勢を強化する予定だという。

その具体的な編制は、重大なサイバー攻撃から米国と国益を守る「国家任務チーム」（National Mission Forces）が13、優先順位の高い脅威から優先順位の高い国防省のネットワークとシステムを防護する「サイバー防護チーム」（Cyber Protection Teams）が68、統合したサイバー空間効果を発揮し、戦闘指揮官を支援する「戦闘任務チーム」（Combat Mission Forces）が27、国家任務チームや戦闘任務チームに分析支援及び計画立案支援を提供する

「支援チーム」（Support Teams）が25——となっている。

産官学の連携を強調しているのも同戦略の特徴で、とくに民間会社は米国のネットワークの90％に関与しているとして、パートナーシップが重要とされている。

カーター国防長官はこの戦略をスタンフォード大学で行ったスピーチの中で発表しているが、同長官はスピーチの後、シリコンバレーのＩＴ企業などを訪問している。国防省のサイバー戦略がＦＢＩ、国土安全保障省、大学、民間ＩＴ企業、国防産業との密接な連携なくしては成立しないことを示した行動だと言えるだろう。

サイバー戦は国家の総力戦

米国防省のサイバー戦略では、サイバー攻撃の抑止を重視するとして、具体的な方策（宣言した政策、警告能力、防護態勢、対応手順、強靱な米国のネットワーク・システム）を記述しているが、それでもサイバー攻撃の抑止は難しい。なぜなら、サイバー攻撃に対してそれを拒否し防護するという意味での「拒否的抑止」はある程度可能だが、サイバー攻撃者に対し懲罰を与える「懲罰的抑止」は非常に難しいからである。

何よりも大切なのは、為政者のサイバー戦に対する断固たる姿勢と懲罰を伴う対応（攻撃者に対するピンポイントのサイバー攻撃による逆襲、経済制裁など）である。とくに攻撃者に対するピンポイントのサイバー攻撃については、国防省のサイバー戦略で何度も暗示されている以上、米国は実施に移すのだろう。経済制裁については、オバマ政権の専売特許であり、ロシアや北朝鮮への経済制裁など何度も実施しているが、中国だけにはさまざまな配慮によりなされていない。この点が問題である。

中国がサイバー戦において国家ぐるみの総力戦で来る以上、こちらも総力戦で対応しないと負けてしまう。米国防省は他の省庁に比較してサイバー戦に人も金も投入しているが、それでもサイバー戦を常に仕掛けられ、しばしばその防御網を破られている。大半の米政府機関の防御態勢には問題があり、抜本的な対応が必要である。米国において最も必要なのは「国家として侵入されないネットワーク・システム」の構築であろう。

米国・中国のような主要国においては、国家のサイバー戦の重要なプレイヤーは軍隊である。我が国においても自衛隊のサイバー戦能力はきわめて重要だ。しかし、自衛隊のサイバー戦に係る組織としては100名程度の統合部隊である「サイバー防衛隊」と、陸上自衛隊の「システム防護隊」などを加えても総勢数百名程度であり、これは他のサイバー大国が数千人規模の部隊を編制しているのと比較すると一ケタ違う。

現代のサイバー戦に対応するには特段の増強努力が必要である。そして、その増強の中核は定数の最も多い陸上自衛隊が担うべきであろう。

第４章　米中戦争シミュレーション

「台湾紛争」「南シナ海紛争」のシナリオ

米中戦争については多種多様なケースが考えられるが、本書においては四つのシナリオを分析している。まずは第3章で紹介した「米中の大規模戦争シナリオ」だ。米国の海軍・空軍が主導し2010年に公表した「エア・シー・バトル（ASB）」が典型的なシナリオになっている。このASBの想定年は2030年――つまり2030年における米中の軍事力を想定した上で米中戦争をシミュレーションしているのが特徴である。

日中紛争がメインとなる「東シナ海シナリオ」については第5章で詳述する。

この第4章で紹介するのはそれ以外の二つの可能性――特定地域における米中の紛争が起こるケース――として「台湾紛争シナリオ」（中国の台湾侵略シナリオ）、そして「南シナ海（南沙［スプラトリー］諸島）紛争シナリオ」（南沙諸島の中でフィリピンが実効支配するティッ［Thitu］島をめぐる紛争シナリオ）について分析する。

この「台湾紛争」「南シナ海紛争」の両シナリオについては、米国のランド研究所が2015年秋に発表し、専門家の間で大きな反響を呼んだ「米中軍事スコアカード」[57]という報告書をベースとし、筆者の分析を加える形で紹介したいと思う。

「米中軍事スコアカード」とは、「中国の対水上艦艇戦」「米軍の中国地上目標に対する航空攻撃」などの各作戦項目別に、米軍・中国軍それぞれの能力（優勢か劣勢か）をスコアカードの形で示したものである。戦術、作戦、会戦（campaign）、戦略の4段階で分析されており、中核となるのは作戦レベルの分析だが、「台湾シナリオ」「南沙諸島シナリオ」の二つの「会戦」レベルの分析もなされている。１９９６年（台湾海峡危機の年。中国側の事実上の海峡封鎖に対して、米国は2個空母打撃群を派遣し、危機の封じ込めに成功した）、２００３年、２０１０年、そして２０１７年と、過去から未来にかけて7年ごとに分析が加えられているのも大きな特徴だ。最終の対象年度が２０１７年であり、おおむね現時点での米中の軍事力の状況を反映したシミュレーションになっている。

なお、この「米中軍事スコアカード」では、作戦レベルの分析における作戦構想としてエア・シー・バトル（現在はＪＡＭ-ＧＣと呼称されている）が採用されており、第3章で紹介したエア・シー・バトルによる「米中の大規模戦争シナリオ」と密接な関係がある。

ランド研究所がこの報告書を作成した目的については以下の4点が挙げられる。

① １９９６年から現在にいたる中国の軍事力増強の実態とはどの程度のものか。そし

57 RAND Corporation, "The U.S. - CHINA Military Scorecard"

図表㉘　４段階の分析

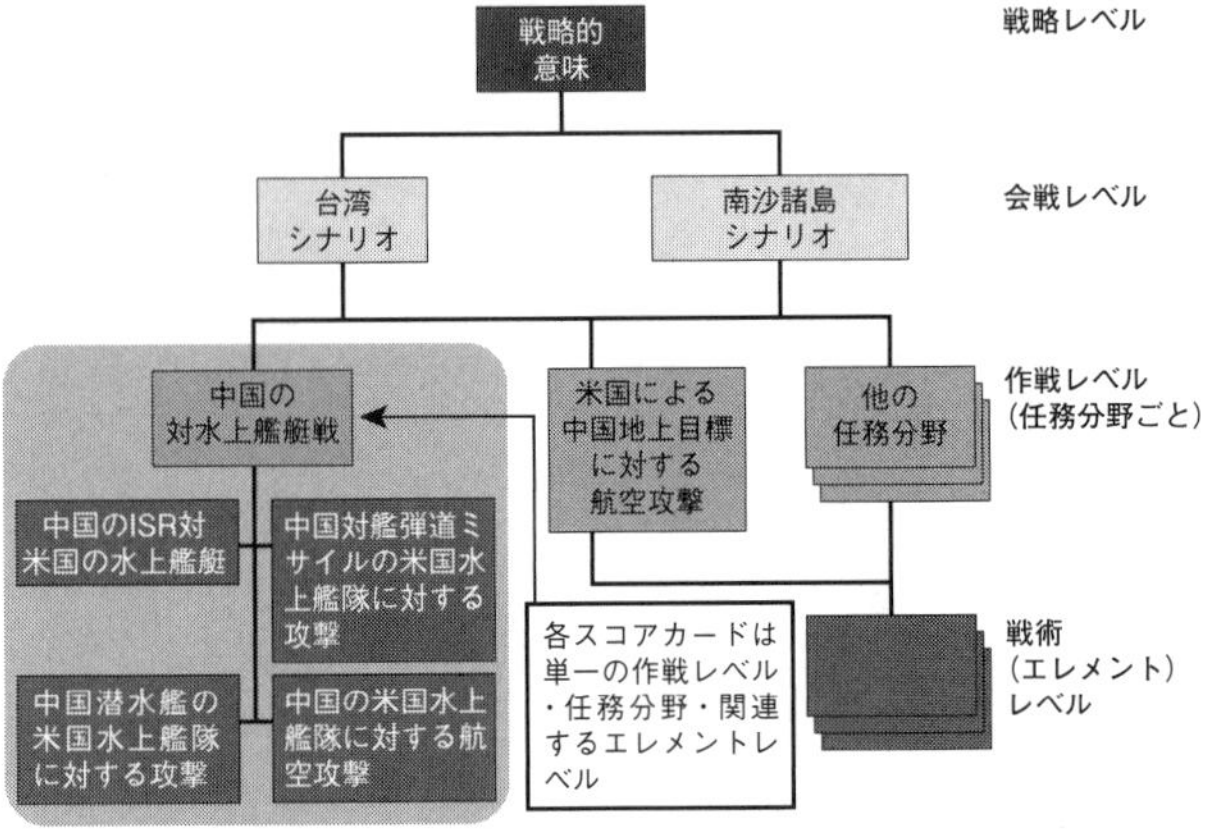

出典：ランド

て、２０１７年における中国軍はいかなる状況になるのか。

② 中国の軍事力は米国の軍事力にどの程度まで迫っているのか。中国が米海軍、空軍、ミサイル戦力、宇宙ドメインでの作戦能力、サイバー戦能力、核戦力に肉薄する可能性はあるか。

③ 中国は、台湾及び南沙諸島をめぐる紛争において、どの戦略分野で米国に対する最大の脅威となるのか。

④ 米国は、中国との紛争において勝利するために、いかに前方展開基地を保持し、戦力を動員し、部隊防護し、能力構築をすべきなのか。

1　台湾紛争シナリオ

経過――在日米軍基地が攻撃される可能性も

より強圧的になった中国は、国際舞台において台湾をさらに孤立させようとして、結果的に台湾政府を正式な独立に向かわせてしまう。台湾独立を外交的圧力で断念させようとするが失敗し、台湾を実力で占領することを決意する。台湾は、中国との戦争を予期して米国に支援を要請する。米国は、中国の台湾占領に伴う国益の毀損を考慮し、台湾を防衛するために軍事力の使用を決意する。

緊張の高まりとともに、両国は戦争準備を始める。中国軍は、戦闘機及び支援機を南京軍区に集中し、最新の潜水艦を投入し、部隊を前方展開地域に配置する。

米国は、追加の航空機と艦艇を台湾周辺に配置し、警戒レベルを上げる。

前提として、米軍は在日米軍基地を自由に使用し作戦することが許される。米軍は、中国本土の非戦略目標（都市などの戦略目標は避ける）に対する攻撃を許されている。

一方、中国軍は、在日米軍基地を攻撃しうる。

分析結果——台湾上空における米軍の航空優勢の確保が困難に

台湾シナリオにおける米軍の目標達成能力は、中国軍の急激な能力向上により相対的に低下する。中国軍については、シミュレーションの対象年である2017年までに世界一速い対艦弾道ミサイル（ASBM）、第4世代戦闘機や攻撃機の増加、改善型の潜水艦（原子力型・通常型ともに）の増加、より大型で能力アップした水上艦艇の増加が見込まれる。

中国の弾道ミサイルや巡航ミサイルによって、米国の前方展開基地——とくに嘉手納基地やその他の日本所在の航空基地は脆弱になり、これらの基地を使った作戦は困難になる。さらに、中国が新たな中距離弾道ミサイル（たとえばグアムキラーとして有名なDF-26）を導入すれば、グアムのアンダーセン空軍基地も攻撃対象となり、同基地の脆弱性が増すことになる。これらの国や基地では、弾道ミサイル防衛（BMD）の改善、滑走路の応急修理能力の向上、基地にある各施設の強化、航空機の広範囲な分散が必要になる。これらの努力を継続しないと、嘉手納基地を使った作戦は非常に難しくなる。

さらに、中国の戦闘機や攻撃機が第4世代機に転換していくことにより、米軍による航空優勢の確保が難しくなってくる。米軍航空機が沖縄からのみ出撃すると仮定すると、必要な戦闘航空団は2010年の2個から2017年には3～4個必要になる。さらに、戦闘機を支援する空中給油機なども増強が必要になる。これは現在の沖縄及びグアムの収容能力がますます厳しくなることを意味する。

米軍の中国本土攻撃能力も徐々に低下していく。理由は、中国軍の最新の優秀な地対空ミサイル（SAM）の導入、中国軍の戦闘空中哨戒（CAP）機の質の向上、米軍の空中給油機が長距離での給油を強いられる点などである。しかしながら、米軍の第5世代戦闘機であるF-22やF-35の投入やスタンドオフ兵器（相手の兵器の射距離外から攻撃できる兵器）の投入は、米軍の打撃能力の向上に貢献する。

2　南沙諸島紛争シナリオ

経過――やはり在日米軍基地も標的に

フィリピンが南シナ海のオイルやガス資源の利用に向けた動きを活発化させる。中国は、フィリピンの挑発的な行動を非難し、フィリピンの漁船や沿岸警備隊の監視船などへの嫌がらせを始める。フィリピンは、南沙諸島、とくにティッツ島の権益保護の姿勢を強化する。このフィリピンの動きに対し、中国は海警局の船艇や海軍艦艇を派遣し、ティッツ島を占領する。両国における愛国的なデモが徐々に統制しにくくなり、米国は空母打撃群を当該地域に派遣、同盟国に安心感を与えるとともに、緊張を緩和しようとする。

米国の哨戒機が中国艦艇から発射された対空ミサイルにより撃墜される事案が発生、米国はティツ島からの中国軍の排除を決断する。

前提として、両国は、さらに空軍及び海軍の兵器（水上艦艇、潜水艦など）を南沙諸島周辺に展開する。開戦の経緯から、米国は在日米軍基地及びフィリピンの基地の使用が許される。紛争を限定化しようという動きにもかかわらず、双方の愛国心の高まりもあり、互いに相手の基地（在日米軍基地、中国本土の基地、フィリピンの基地を含む）を打撃することになる。

分析結果――米軍が大半の分野で優勢を確保するも２０１７年には優劣の差が縮まる

台湾海峡危機が発生した１９９６年の時点では、南沙諸島周辺に対する中国軍の能力はきわめて限定的で、米軍がすべての分野において圧倒的に有利であった。２０１０年の時点では、準中距離弾道ミサイルＤＦ-21Ｃが登場し、日本南部の米軍基地やフィリピンのルソン島を射程内に収めたが、ミンダナオ島やグアム島は射程外であった。

１９９６年と２０１０年を比較すると、南沙諸島を爆撃できる爆撃機の数は80機から１４８機に、戦闘機は24機から２３３機に、空中給油機はゼロから10機にそれぞれ増加している。しかし、空中優勢に関しては、中国本土の航空基地を攻撃することなしに米軍の2個戦闘航空団で紛争1週間以内の航空優勢を獲得できた。中国本土の航空基地への攻撃が認められれば、南沙諸島に到達可能な戦闘機が使用するすべての中国軍基地を破壊可能であった。このため、紛争のエスカレーションをコントロールする能力は米軍が完全に握っていたことになる。

2017年シナリオでは、依然として米軍がほとんどの分野での優勢を確保しているが、その優勢は徐々に低下している。米国は、中国の航空基地を攻撃し閉鎖させる能力を保持している。しかし、中国軍が高性能な地対空ミサイルSAM（S-300、HQ-9、S-400）を2017年までに中国南部に配置すると、米軍の第5世代以外の戦闘機の攻撃はリスクを伴うようになり、少数のステルス機と限られた数の巡航ミサイルに頼らざるを得なくなる。

一方、中国の戦力投射能力は改善しているが、未だに中国本土から離れた地域における作戦能力には限界があり、全般的に米軍有利な状況になる。

筆者が付加するシナリオ

「中国軍の作戦は超限戦である」と先に述べた。中国軍は考えられるすべての作戦を実施してくると覚悟すべきである。ランドのシナリオには、非戦闘員の活動や陸上戦力、とくに特殊作戦部隊の行動が欠けているが、これらの要素は実際の米中戦争に大きな影響を与えるのでランドのシナリオに筆者が付加をして記述する。

とくに「台湾紛争シナリオ」においては、平時から中国軍や政府機関の工作員、中国シンパの台湾人、中国人観光客が台湾の基地、沖縄をはじめとする在日米軍基地、フィリピンの基地などの戦場予想地域周辺に入っていると想定すべきである。彼らは平時は過激なことをしないが、中国からの指令によって破壊活動を開始することになるだろう。目標はまずソフトターゲットである重要インフラ(電力、ガス、通信施設、水道、空港、港湾、鉄道施設など)、さらにハードルは高いが在日米軍基地、自衛隊基地、台湾軍基地などのハードターゲットも攻撃する。中国にとって望ましいのは、港湾に停泊する米海軍や海上自衛隊の艦艇、C4ISR施設、空港に駐機している航空機、滑走路の破壊だ。戦争開始前後におけるこれらの破壊活動は、台湾、フィリピン、日本の各国民にショックを与え、国家指導者の決心を遅延させ、各国軍隊の行動を遅延させることが目的となる。

さらに中国軍の特殊作戦部隊が空(空挺作戦、ヘリボーン作戦)や海から侵入し、破壊活動や重要目標の奪取に従事しつつ、ミサイルや航空機の火力発揮を容易にするためのセンサーの役割を果たすことになろう。この人間センサーの活用は、米軍もイラク戦争などで多用した基本的戦術である。とくにミサイルに頼る中国軍にとってミサイルのキル・チェイン（目標の発見、射撃のタイミング、射撃後の効果の確認など）の確保はきわめて重要となる。

これらの破壊活動や特殊作戦部隊の活動とほぼ同時に、攻撃的なサイバー戦、米国や日本の人工衛星に対する機能妨害などのような作戦も開始されるだろう。つまり、紛争開始前後で五つのドメインのすべてで中国軍の先制攻撃が実施されると覚悟すべきだろう。

「米中軍事スコアカード」の結論

全容をわかりやすくするために結論から見ていきたい。図表㉙「米中軍事スコアカード」が結論で、スコアカードは順番に米「米軍が非常に優勢（中国軍が非常に劣勢）」、米「米軍が優勢（中国軍が劣勢）」、□「実力がほぼ同等」、中「中国軍が優勢（米軍が劣勢）」、中「中国軍が非常に優勢（米軍が非常に劣勢）」となる。

一言でいえば「2017年の時点では米国の軍事力が全般的な優位を保持するであろう。しかしながら、中国本土に近い『台湾紛争シナリオ』では両軍の実力が伯仲するかなり厳しい状況となる。とくに人民解放軍の航空基地攻撃能力や対水上艦艇戦能力が米軍に対して優位となる。その一方、中国本土から遠い『南沙諸島紛争シナリオ』では米軍が全般的に優位となる」ということになる。

図表㉙　米中軍事スコアカード

作戦分野	台湾シナリオ 1996	2003	2010	2017	南沙諸島シナリオ 1996	2003	2010	2017
1. 中国の航空基地攻撃能力	**米**	**米**		中	**米**	**米**	**米**	
2. 米国対中国航空優勢	**米**	米	米		**米**	**米**	米	米
3. 米国の空域突破能力	米				**米**	**米**	**米**	米
4. 米国の航空基地攻撃能力		**米**	米	米	**米**	**米**	**米**	**米**
5. 中国の対水上艦艇戦能力	**米**	米		中	**米**	**米**	米	
6. 米国の対水上艦艇戦能力	**米**	**米**	米	米	**米**	**米**	**米**	**米**
7. 米国の対宇宙能力	中	中			中	中		
8. 中国の対宇宙能力	**米**	米			**米**	米		
9. 米国対中国サイバー戦	**米**	**米**	米	米	**米**	**米**	米	米

10. 核の安定

国名	1996、2003、2010	2017
中国	小さな自信	中程度の自信
米国	大きな自信	

米国能力		中国能力
非常に優勢	**米**	非常に劣勢
優勢	米	劣勢
ほぼ同等		ほぼ同等
劣勢	中	優勢
非常に劣勢	**中**	非常に優勢

出典：ランド

その他の結論は以下のとおりである。

●中国軍は、1996年以来、長足の進歩を果たし、全般的に中国軍が米軍との能力差を縮小させる方向にあるものの、総合的な能力において米軍事力に追いつくまでには至らない。ただし、中国本土近傍を支配するためだけならば米軍に追いつく必要はない。

●中国軍は、紛争の初

期において一時的・局所的な航空優勢と海上優勢を確立する能力を有する。特定の地域紛争での、この一時的・局所的な優勢により、中国軍は米軍を撃破することなしに限定的な目的を達成できるであろう。

●戦場までの距離と地形は米中双方の緊要な目標達成に重大な影響を与える。中国本土に近くなればなるほど米国に不利となり、米国の軍事行動に対し大きなマイナスとなる。

●中国の戦力投射能力[58]は低いままであり、米国は中国沿岸から遠く離れた地域におけるシナリオではより決定的な優位性を維持している。中国軍の事態対応能力と戦闘に勝利する能力は、戦闘機及びディーゼル潜水艦の無給油での行動半径を超えると急速に低下する。中国から長距離離隔した作戦は常に中国にとって不利に働く。

●ただし、中国の戦力投射能力は着実に向上しており、中国沿岸から離れた地域での相対的戦闘力は変化しつつある点に注意が必要となる。

●日本にとって深刻なのは、中国の準中距離弾道ミサイル（DF-16射距離1000㎞、DF-21C射距離2500㎞）が、在沖縄米軍基地のみならず、日本全体を射程内に収めることができる点である。

58　戦力投射能力（power projection capability）は、軍事力を海外に展開し作戦する能力で、空母や長距離輸送機などが典型的な装備品である。

3　「米中軍事スコアカード（SC）」による分析

■SC1■航空基地を攻撃する中国の能力

　中国は、現代戦における空軍力の重要性を考慮し、米空軍基地に駐機する航空機、滑走路、C4ISRといった重要施設・システムに大きな被害を与える弾道ミサイルや巡航ミサイルを開発してきた。

　図表㉚「中国軍の弾道ミサイル・巡航ミサイル」をご覧いただきたい。中国は今や世界一野心的なミサイル運用計画に基づき、1400発の弾道ミサイル、数百発の巡航ミサイルを保有している。その大部分は射程が1000km以下の短距離ミサイルだが、在日米軍基地に到達する準中距離弾道ミサイル（DF-21CやDF-16）の保有数を増加させている。さらに重要なのは、命中精度が向上しCEP（ミサイルの半数が着弾する半径）が1990年代の数百mから今日では巡航ミサイルのDH-10やALCMの場合、5～20mと大幅に向上し、射距離も短距離（1000km以下）から準中距離（1000～3000km）に延びているという点だろう。

図表㉚　中国軍の弾道ミサイル・巡航ミサイル

タイプ	射距離(km)	弾頭重量(kg)	CEP(m)	1996	2003	2010	2017
SRBM（短距離弾道ミサイル）							
DF-11	280～350	500～800	500～600	少数	175	700～750	～1200
DF-11A	350	500	20～30				
DF-15	600	500	300	少数	160	350～400	
DF-15A	600	600	30				
DF-15B	600～800	600	5				
MRBM（準中距離弾道ミサイル）							
DF-21C	2500	500	50	0	0	36～72	108～274
DF-16	800～1000	?	?	0	0	0	
IRBM（中距離弾道ミサイル）							
IRBM	5000	500	30～300	0	0	0	可能性
巡航ミサイル							
DH-10	1500～2000	400	5～20	0	0	200～500	450～1250
ALCM	3300	400	5～20	0	0	在庫品	

出典：ランド

続いて図表㉛「中国ロケット軍ミサイルの制圧地域」をご覧いただきたい。これは中国軍ミサイルの制圧可能な地域の変化を示している。２００３年までは沖縄の嘉手納基地を制圧する弾道ミサイルはなかったが、２０１０年以降になると弾道ミサイルDF-21C、巡航ミサイルDH-10、爆撃機H-6（DH-10ミサイル

図表㉛　中国ロケット軍ミサイルの制圧地域

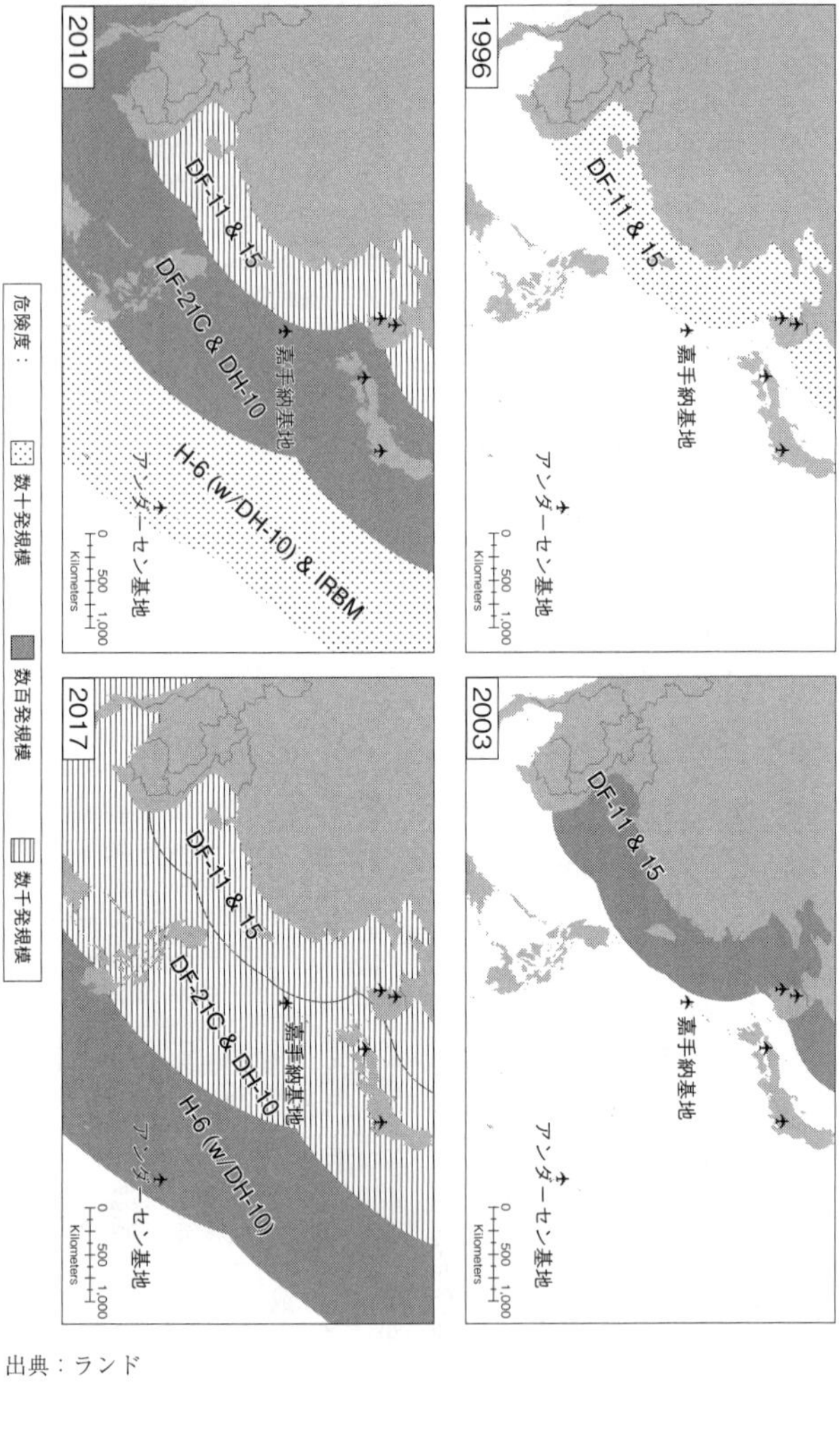

出典：ランド

を搭載）の登場によって、日本全域のみならずグアムのアンダーセン米空軍基地までが射程内に入ったことがわかる。

ランドのシミュレーションでは、嘉手納基地（台湾海峡に最も近い米国の空軍基地）に対する比較的少数の弾道ミサイル攻撃によって、紛争初期の緊要な数日間、より集中的な攻撃の場合は数週間ほどの基地の閉鎖になる可能性がある。米国の対抗手段（防空の改善、飛行機格納庫の硬化、より迅速な被害修復、航空機の分散）により、その脅威を減少させることはできる。しかし、米国の技術的なブレークスルーをもってしても、中国のミサイルの数と種類の増加は、米軍の前方展開基地からの作戦能力にとって大きな脅威となる。大部分の米航空機がミサイルの影響を受けやすい基地や紛争地域から、はるかに遠い基地からの出撃を余儀なくされる。こうした中国のミサイルの脅威と米軍の基地問題は、戦場における航空優勢の獲得を複雑なものにするだろう。

図表㉜は「航空基地を攻撃する中国の能力」を示したスコアカードの結果だ。

中国本土に近い台湾紛争では2010年に米中互角、2017年には中国有勢となる厳しい状況を示している。南沙諸島紛争では、グアムのアンダーセン米空軍基地を攻撃できるミサイルが存在しなかったこともあり、2010年までは圧倒的に米軍優勢であったが、2017年には新たなIRBM（DF-26）の登場によって米中互角の状況になる。

図表㉜　スコアカード１

スコアカード１：航空基地を攻撃する中国の能力								
台湾紛争					南沙諸島紛争			
1996	2003	2010	2017		1996	2003	2010	2017
米	米		中		米	米	米	

図表㉝　主要基地から台湾及びスプラトリー諸島までの距離

航空基地	最近傍の中国領土までの距離（km）	台湾海峡の中心までの距離（km）	南沙諸島のティツ島までの距離（km）
嘉手納基地	650	770	2,200
普天間基地	650	770	2,200
群山（クンサン）基地	390	1,360	3,000
烏山（オサン）基地	400	1,500	3,170
岩国基地	940	1,560	3,130
横田基地	1,100	2,200	3,700
三沢基地	850	2,630	4,200
アンダーセン基地	2,950	2,870	3,330

出典：ランド

なお、図表㉝は、戦場周辺の主要な航空基地から戦場までの距離を表している。台湾紛争シナリオでは無給油で台湾海峡まで到達できる基地は嘉手納と普天間の基地のみである。岩国、横田、三沢から台湾海峡まで出撃するとなると空中給油が必要になる。一方、中国軍にとって無給油で到達できる航空基地は約40ヵ所もある。

航空基地の数では戦場に近い中国側が圧倒的に有利であることがわかる。

■SC2■米国対中国 航空優勢

■台湾シナリオの場合

台湾が中国との紛争において直面する大きな脅威は中国空軍の継続的な航空攻撃だ。

中国の短距離弾道ミサイル（SRBM）が、米軍や台湾軍の航空基地や地対空ミサイル（SAM）陣地を攻撃する際に重要な役割を果たすことは明らかである。だが、中国空軍が米軍式の戦略爆撃作戦（1日に何百ソーティ〔軍用機の延べ出撃回数〕もの爆撃を実施する作戦）を遂行すると、短距離弾道ミサイルの全在庫量以上の爆弾を1日で投下し、それを毎日継続することができる。中国空軍の保有機数や弾道・巡航ミサイルの脅威を考えると、台湾軍のみでこれらの脅威に対抗することは難しく、米空軍や海軍に台湾周辺の空域を防護してもらわざるを得ない。

結論的には、台湾シナリオにおいて航空優勢を常に確保することは難しい状況になる。つまり短期戦（7日間）や、長期戦（21日間以上）の最初の1～2週間における完全な航空優勢の獲得は非常に難しい。紛争初期では中国本土近くでの航空優勢の確保は容易ではなく、陸上戦闘を支援する航空戦力は限定される。

中国軍は台湾攻撃のために35個戦闘機連隊及び5個爆撃機連隊を使用することができ、

図表㉞　台湾シナリオにおける航空戦

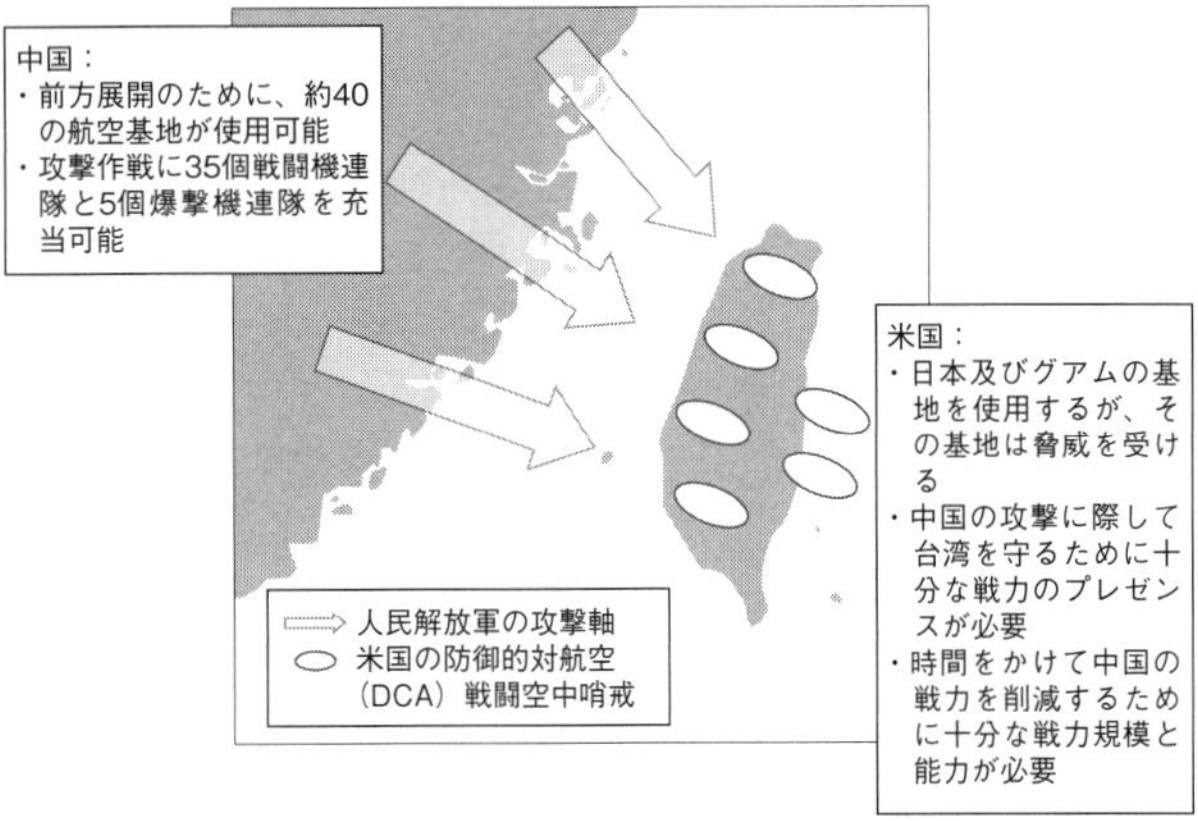

出典：ランド

これらの部隊が使用可能な前方の航空基地は約40ヵ所もある。これに対し、米軍が使用できる航空基地は日本やグアムの基地に限定され、さらにそれらの基地は、前述したように中国軍のミサイル攻撃や航空攻撃の脅威を受ける。

どの程度の航空戦力が必要なのか

①台湾上空の制空権確保に必要な航空戦力

台湾上空での中国軍の大規模な航空攻撃を撃退し、常に航空優勢、航空支配を追求するためには膨大な数の戦闘航空団が必要となる。前提条件として、米海軍2個空母打撃群が保有する72機の海軍機も参加し、2010年の第5世代機を72

図表㉟　台湾シナリオにおける中国軍の航空機

台湾シナリオで使用される人民解放軍空軍および海軍の航空機数

航空機	1996	2003	2010	2017
空対空エスコート戦闘機				
第2世代				
J-5（FTR）	—	—	—	—
J-6（FTR）	312	144	—	—
第3世代				
J-7（FTR）	288	336	216	—
J-8（FTR）	30	58	134	96
第4世代				
J-10（FTR）	—	—	—	192
Su-27/J-11（FTR）	4	72	120	264
Su-30MKK/J-16（FGA）	—	48	72	72
合計	634	658	542	624
打撃爆撃機				
H-5（爆撃機）	20	20	—	—
H-6（爆撃機）	100	100	120	130
Q-5（打撃機）	192	144	48	—
J-8（打撃バージョン）	90	134	34	24
JH-7（戦闘爆撃機）	—	—	120	192
合計	402	398	322	346

注：FTR（戦闘機：Fighter）
　　FGA（戦闘対地攻撃機：Fighter Ground Attack）
出典：ランド

機、2017年の第5世代機は144機でその他は第4世代機と仮定して計算する。

まず、制空権確保のために台湾上空で常に活動すべき戦闘航空団数は、1996年は0・2個戦闘航空団、2003年0・8個戦闘航空団で済んだが、2010年には1・4個戦闘航空団、2017年になると2個戦闘航空団が必要となる。また台湾上空の戦闘航空団を支えるために周辺地域に存在すべき戦闘航空団数は、１９９６年１・６〜２・１個戦闘航空団、２００３年５・３〜10・６個戦闘航空団、２０１０年９・３〜19・６個戦闘航空団、２０１７年13・６〜29・９個戦闘航空団が必要となる。グアムと日本に存在するのは６個戦闘航空団であることを考慮すれば、２０１７年の合計必要数16〜32個戦闘航空団という数字は、能力をはるかに超える数と言える。

②中国軍攻撃機の50％に損害を与える航空戦力

完全な航空優勢を追求するのは難しいため、「中国軍の攻撃機の50％に損害を与える作戦」を選択した場合に必要な戦闘航空団数を計算してみた。その結果は、２０１７年の場合、７日間の作戦で50％の損耗を追求するためには４〜７個戦闘航空団が必要であり、21日間の作戦では３〜４個戦闘航空団が必要である。

③中国本土の基地を攻撃した場合としない場合の必要戦闘航空団数

図表㊱は７日間の作戦で中国本土の航空基地を「攻撃しないケース」「攻撃したケース」それぞれの比較である。２０１０年以降では、中国本土の航空基地を攻撃すれば、台湾上空で作戦する戦闘航空団を26〜27％削減する効果はある。例えば、２０１７年では中国軍の航空機の50％に打撃を与えるのに必要な戦力を７個戦闘航空団から５個戦闘航空団に減らすことができる。

図表㊱　中国本土の基地を攻撃した場合としない場合の必要戦闘航空団数

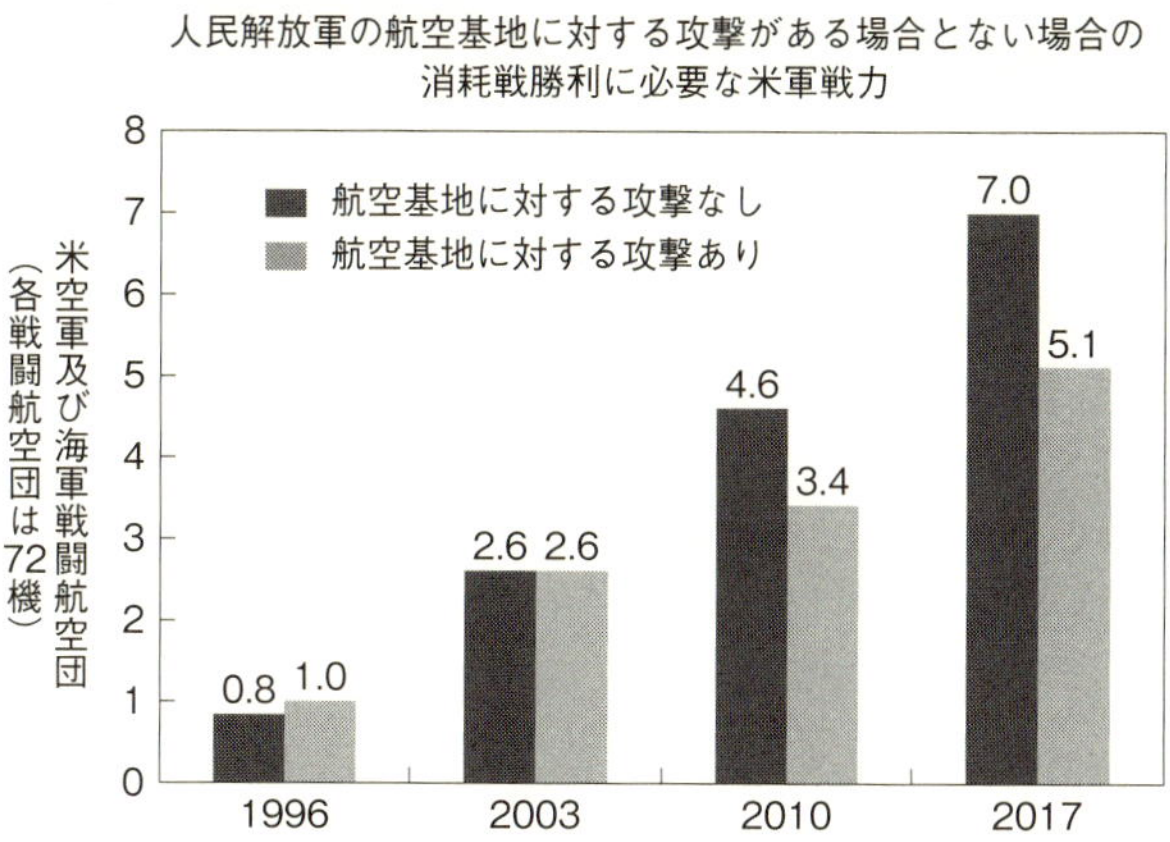

注：この結果は米航空機が主としてグアムを基地（または台湾から同じ距離の基地）とした、7日間の航空戦を前提とする。航空団は72機を基本とする。米海軍の空母打撃部隊（CSG）の72機からなる飛行隊もカウントされている。
出典：ランド

■南沙諸島シナリオの場合

中国の前方展開可能な航空基地は9ヵ所（2017年の時点）あるが、台湾シナリオでの片道平均400kmの飛行距離に比較すると、南沙諸島シナリオでは1000kmに達し、中国軍の航空作戦もそれだけ難しくなる。また、中国が建設した人工島の滑走路は平時にのみ使用可能なもので、有事になると米軍の破壊により使用不能となると予測される。

中国軍が使用できる航空戦力は、台湾紛争時の約半分で、18個戦闘機連隊及び5個爆撃機連隊で

図表㊲　南沙諸島シナリオにおける中国軍の航空機

南沙諸島シナリオで使用される人民解放軍空軍及び海軍の航空機数

航空機	1996	2003	2010	2017
打撃航空機				
H-6	80	100	100	100
J-8	—	18	—	—
JH-7	—	—	48	120
合計	80	118	148	220
空対空エスコート航空機				
J-6	—	—	—	—
J-7	—	—	—	—
J-8	—	—	—	—
J-10	—	—	—	—
Su-27/J-11	24	72	96	216
Su-30MMK/J-16	—	24	96	92
合計	24	96	192	308

出典：ランド

ある。細部の内訳は図表㊲のとおりである。

米軍が使用する基地は、主としてフィリピンのセサ・バサ（Cesar Basa）空軍基地、アントニオ・バウティスタ（Antonio Bautista）空軍基地、そしてミサイルの攻撃を避けるために南ミンダナオ沖に展開する空母と、非常に少数である。しかし、南沙諸島までの距離は中国軍と同じ1000kmであり、台湾紛争時の2500kmに比較すればはるかに楽だ。

米軍の航空機は、その他にも日本の基地やグアムの基地を利用可能で、距離は1300〜2100kmとなる。なお、2016年3月18日に米比間の合意によって5ヵ所の基地（セサ・バサ、アントニオ・

図表㊳　南沙諸島シナリオにおける航空戦

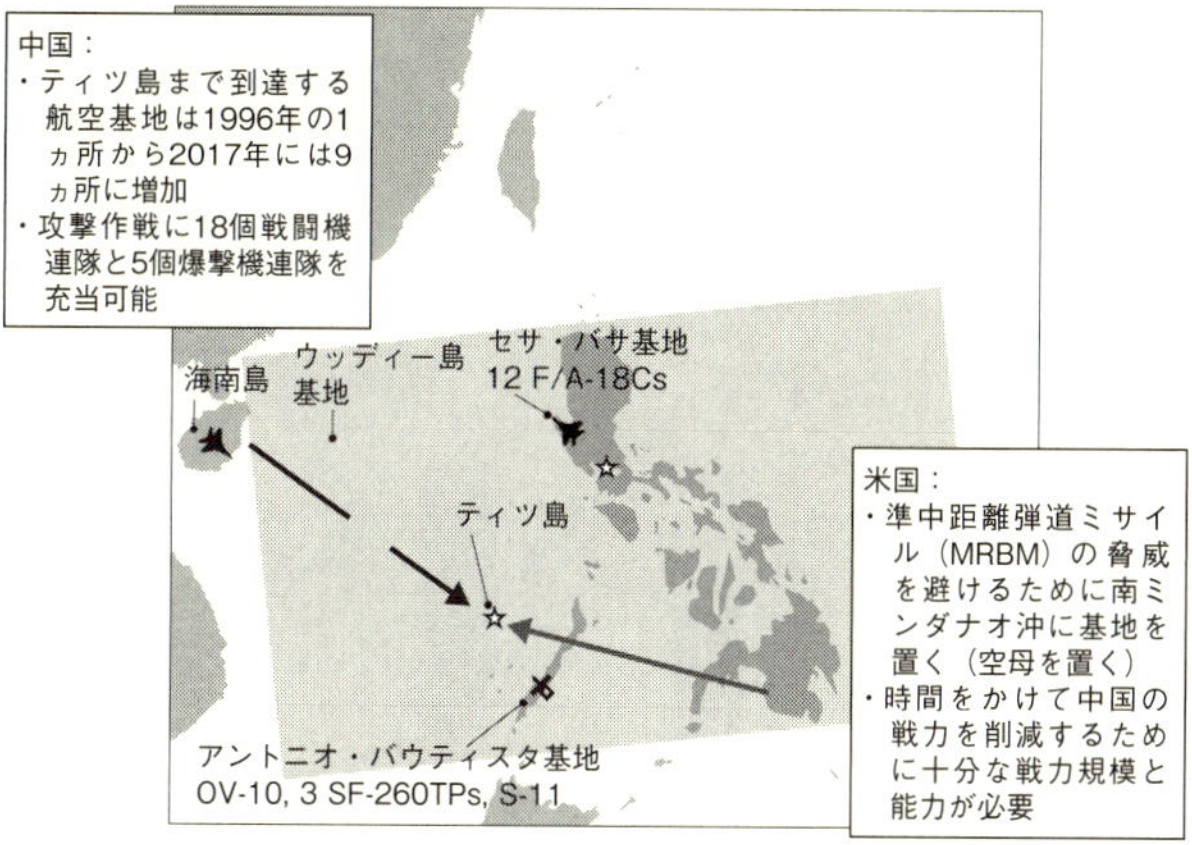

出典：ランド

バウティスタ、ルンビア、マクタンベニト・エブエン空軍基地とマグサイサイ基地）の使用が可能となった。

図表㊴は、南沙諸島上空で中国軍の航空攻撃を撃退し、常続的なパトロールを可能とするために必要な戦闘航空団数である。中国の航空機の質と量の向上に伴い、必要な戦闘航空団数は増加傾向となる。この図が示す顕著な特徴は、中国航空基地攻撃の重要性であろう。2017年の段階では中国航空基地に対する攻撃を行わない場合には10個戦闘航空団が必要だが、中国航空基地を攻撃すれば、わずか1個戦闘航空団で南沙諸島上空の常続的な航空優勢が獲得できるという驚くべき結果だ。1個戦闘航空団であれば海

図表㊴　中国本土の基地を攻撃した場合としない場合の必要戦闘航空団数

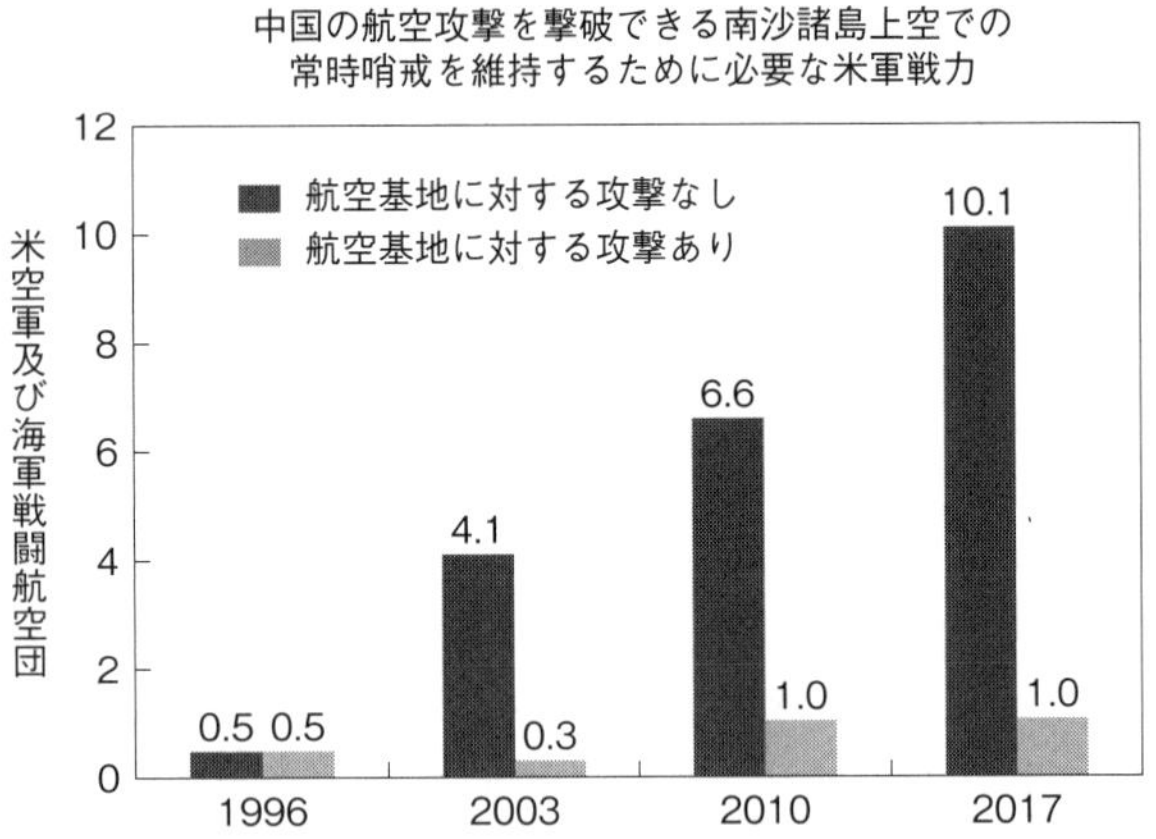

注：中国の攻撃はこのシナリオで使用可能な中国航空機の50％を含む。各年において、米軍は72機の海軍戦闘機（2～3個空母打撃群）を含むと仮定する。2010年において72機の第5世代戦闘機を含み、2017年においては144機の第5世代戦闘機を含む。他のすべての戦闘機は第4世代とする。南ミンダナオ沖に米軍が基地を設定すると仮定する。
出典：ランド

軍の航空戦力のみで対応可能となる。

もっとも、米軍の中国航空基地に対する攻撃が政治的に認められないリスクはある。このリスクを考慮して、完全な航空優勢の確保ではなく中国航空機の破壊を50％とする中国機損耗作戦を採用すると、1週間の航空戦では米軍の航空機戦力の3分の1（260機、内訳は海軍の第5世代機80機、空軍の第5世代機144機、第4世代機36機）、3週間作戦では5分の1の航空機戦力がそれぞれ必要となる。

いずれにしても、中国軍は南

図表㊵　スコアカード2

スコアカード２：米国対中国　航空優勢								
台湾紛争					南沙諸島紛争			
1996	2003	2010	2017		1996	2003	2010	2017
米	米	米			米	米	米	米

沙諸島上空の航空優勢は獲得できない。

両シナリオでの航空戦のまとめ

１９９６年以来、米国はF-22やF-35といった第５世代機を導入してきた。一方、中国は１９９６年の時点で大半が第２世代機であったが、今や第４世代機が中国空軍の半数に達し、米軍との質的ギャップを縮めつつあるものの、肉薄はしていない。このため米国は、１９９６年当時よりも数百倍の作戦上の考慮が必要になっている。米国の指揮官は、２０１７年の台湾シナリオで、開戦から７日間作戦を継続できる基地を見つけるのが困難になるであろう。そのため作戦期間を長めに考慮しなければならず、その間地上戦力と海軍戦力は脆弱な状態に置かれることになるだろう。

南沙諸島シナリオでは台湾シナリオの半分の戦力で対応が可能となる。

図表㊵は「米国対中国　航空優勢」をスコアカードで示したものだ。台湾シナリオでは２０１０年まで米軍が優勢だったが、２０１７

年には米中互角になる。かたや、南沙諸島紛争では2017年段階でも米軍の優勢が保たれている。

■SC3■米国の中国空域に侵入する能力

中国・統合防空システムの概要

中国の統合防空システム（IADS）[59]の向上は、中国国内及びその近傍での米軍の作戦をより困難なものにしている。IADSの3本柱は早期警戒システム、地対空ミサイル（SAM）、迎撃機である。

早期警戒システムについては、最新の地上設置レーダー、早期警戒機（AEW）、ステルス機を発見できるレーダーの導入などを指している。早期警戒機については当初イスラエル製のファルコンAEWの導入を企図したが米国の反対により実現できず、自国が開発したKJ-2000、KJ-200を各4機ずつ装備している。

SAMシステムは、1996年にはロシア製の旧式SA-2であったが、ロシアからS-300を160セット購入し、ロシアの技術と米国のパトリオットミサイルの技術を盗用してHQ-9（射程200km）、HQ-12（射程50km）を開発し、約200基を実装している。

これらのSAMは機動性があり、ジャミング対策も施され高性能だ。さらに、最近の情報ではロシアから最新のSAMであるS-400（射程400km）の購入が決定し、その一部を2017年までに取得することになる。S-400は、最新レーダーAESAを使用し、航空機のみならず巡航ミサイル、弾道ミサイルをも迎撃可能だと言われている。

迎撃機については、J-10、J-11などの第4世代機が2017年の時点で全航空機の60%を占めると予想される。第5世代機（J-20、J-31）の開発も進行中だが、優秀なエンジンの開発・取得やステルス技術などに問題があり、早期の実用化は難しいであろう。

米軍の侵入能力

1996年以来、空軍はステルス技術とスタンドオフ能力を重視して採用し、そして海軍は電子戦で敵の防空の混乱を目的として電子戦機（電子戦を重視する戦闘機）EA-6Bと、その後継であるEA-18Gを使用してきた。

まず、SEAD（敵防空網制圧）部隊の航空機としては、通信ジャミング担当の空軍EC-130Hコンパス・コール、海軍のEA-6Bプラウラー、レーダージャミングを担当する海軍EA-6B、そして空軍のEF-111レイヴンなどがある。そして、F-4Gワイ

59 IADS：Integrated Air Defense System

図表㊶　スコアカード3

スコアカード3：米国の中国空域に侵入する能力								
台湾紛争					南沙諸島紛争			
1996	2003	2010	2017		1996	2003	2010	2017
米					米	米	米	米

ルド・ウィーゼルをF-16FJファイティング・ファルコンに交代、F-22ラプターやF-35ジョイント・ストライク・ファイターもまたSEADの役割も期待されている。つまり、米国の侵入能力は新SEAD機とステルス航空機の存在により改善している。

台湾及び南沙諸島両シナリオにおける米軍の侵入能力を分析すると、全般的に中国の能力が向上し、中国の改良IADSが米軍の侵入能力を低下させている。米軍のスタンドオフ攻撃能力、ステルス、SEADにもかかわらず、台湾対岸地域に低リスクで侵入・目標を打撃する能力は２０１７年の段階では非常に低下する。しかし、南沙諸島での米軍の侵入能力は非常に強力である。これは、米空軍力が台湾シナリオに比べ、小さな目標で、より海岸に近く配置されている中国の航空基地に指向されるからである。

図表㊶は「米国の中国空域に侵入する能力」をスコアカードで示したものだ。台湾紛争では２０１７年段階では米中互角、南沙諸島紛争では米軍の優勢となっている。

図表㊷　スコアカード4

スコアカード4：中国航空基地を攻撃する米国の能力								
台湾紛争					南沙諸島紛争			
1996	2003	2010	2017		1996	2003	2010	2017
	米	米	米		米	米	米	米

■SC4■中国航空基地を攻撃する米国の能力

中国領空への侵入は犠牲を伴うが、とくに脅威となる台湾シナリオでは、新世代精密誘導兵器の開発が、米国に新たな選択肢と、より強烈な打撃能力を付与した。米軍はJDAM[60]のような全天候型の精密兵器を保有しているし、さまざまなプラットフォームから発射可能な射程数百kmのスタンドオフ兵器を活用できる。

台湾シナリオでは無給油で台湾の対岸にある40ヵ所の中国航空基地を攻撃できる。1996年の段階では、米国の航空攻撃によって中国の滑走路を平均8時間閉鎖できたが、2010年には2〜3日、2017年も2〜3日程度の閉鎖が可能である。

南沙諸島シナリオでは同諸島に近接する中国航空基地を攻撃できる。すべての中国の航空基地を最初の1週間閉鎖することが可能だ。ただし、対地攻撃においてはスタンドオフ兵器の在庫に制限がある点

60　JDAMはJoint Direct Attack Munitionの略で、直訳すると統合直接攻撃弾。JDAMの誘導装置を装着すると無誘導弾が全天候型の誘導弾に変身する。

に留意すべきだろう。

図表㊷は、「中国航空基地を攻撃する米国の能力」をスコアカードで示しており、全体的に米軍の優位にあることがわかる。

■SC5■中国の対水上艦艇戦闘能力

中国軍は、陸上に基地を置く米空軍力に打撃を与えること、米国の空母打撃部隊に損害を与えること——この二つを重視している。ここでは米海軍の空母のような「水上艦艇」を攻撃目標とする中国軍の対艦弾道ミサイル、対艦巡航ミサイル、水上艦艇、潜水艦の能力について検証する。中国軍の米海軍水上艦艇に対処する能力は、1996年の台湾紛争以降、劇的に向上している。とくに紛争初期の段階では、米艦艇が中国本土から数千km離れた場所であってもリスクなく自由に活動することが困難になっている。中国本土から距離的に近い台湾紛争ではその傾向が強い。

中国軍の敵発見能力はどの程度か

現代戦では、遠方に存在する敵の早期発見が死活的に重要となる。遠距離（数百kmないし数千km）の目標を発見するためには優れたセンサー（ISR能力）が必要である。

中国のISR能力の向上は、ロシアから購入した兵器（キロ級潜水艦、ソブレメンヌイ級駆逐艦、Su－35MK2戦闘機など）に搭載されている長距離ISR機器の利用、人工衛星の利用、そして超水平線レーダー（OTHレーダー）の配備という形で達成されてきた。

このうち、数千km単位の長距離ISR能力では人工衛星とOTHレーダーが重要となる。中国は2000年に最初の軍事偵察衛星を打ち上げたが、中国の宇宙・電子分野の発達は人工衛星の発射のペースを加速させ、多様な種類の高度なISR衛星の配置を可能とし、長距離センサーとしての役割を果たしている。

一方、OTHレーダーは2007年に配備され、中国の海岸線から2000kmまでの目標を発見し、大まかな（精密でない）目標位置情報の把握が可能になった。図表㊸は襄陽市に配備されたOTHレーダーのカバー領域（海岸線から2000km）を示すが、第1列島線は言うに及ばず、第2列島線の一部もカバーできることが分かる。中国のOTHレーダーによるターゲティング（目標照準）は、現時点では開発途上だが、明らかにこの分野に重点的な投資を行っており、将来的には警戒が必要である。

なお、OTHレーダーは大規模な固定式の装置であるために、航空攻撃などに脆弱で、米軍にとっては努めて早い時期に破壊すべき重要かつ格好の対象となる。

図表㊸　OTHレーダーのカバー領域

襄陽付近のOTH（Skywave）レーダーの予想カバー領域

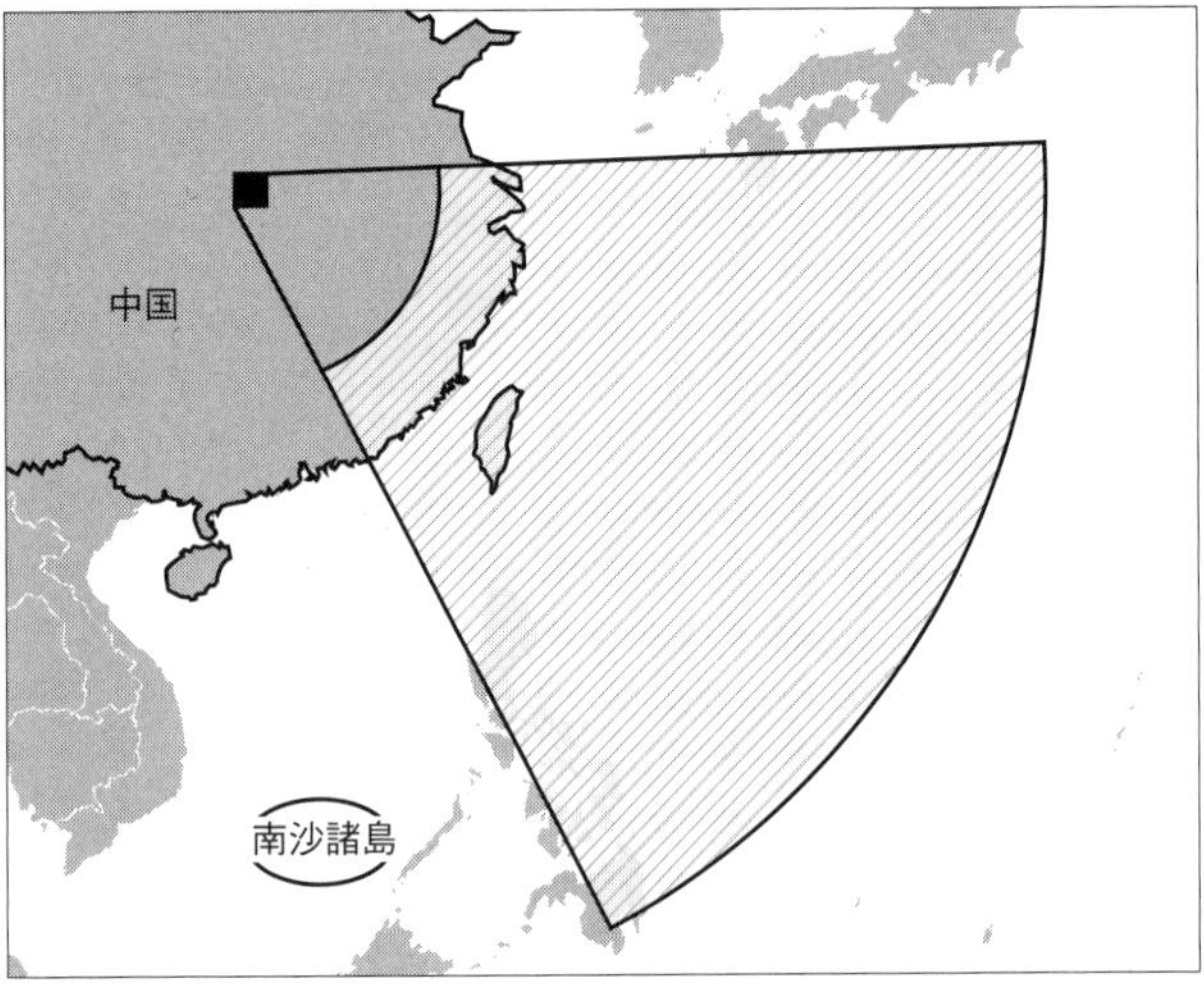

SOURCE：Google Earth with author overlay.
RAND RR392-7.1
出典：ランド

対艦弾道ミサイルとC4ISR能力

中国軍のC4ISR能力に関する詳しい文献はないが、中国の対米水上艦艇戦の中核となるC4ISRの能力は発展途上にあると思われる。長距離目標の打撃においては、ほぼリアルタイムの目標情報の入手、処理、伝達、打撃が要求されるが、このサイクルで時間の遅れがあれば打撃は成功しない。米軍艦艇は、絶えず移動しているために、その細部位置に関する不確かさがC4ISRの遅れにつながる。中国の対艦弾道ミサイルがSIGINT偵察衛星システム（NOSS）[61]とOTHレーダーのみを使用すると仮定すると、目標に関する最後のデータと実際の位置情報は違ってくるであろう。C4ISRの問題が対艦弾道ミサイルの信頼性の低下に直結する。水平線以遠の敵艦艇を攻撃し撃破することは米軍においてさえ難しいが、中国軍においてはさらに難しいはずだ。

DF－21Dなど、中国の対艦弾道ミサイルは米海軍にとって新たな脅威となっているが、米軍は対抗手段の開発を進めている。例えばDF－21Dは、空母キラーとして有名になったが、メディアで言われるようなミサイル1発で米空母を一撃できるという万能の兵器ではない。DF－21Dの脅威を誇張することにより、米軍に心理的効果を与えている側面がある。DF－21D以上に、中国の対艦巡航ミサイルを搭載する潜水艦や、航空戦力の方が米軍の空母打撃部隊にとっては脅威となる。

中国軍の改善策と米軍の対抗策

中国の改善策としては、①人工衛星に関係する質と量を向上させる。つまり、SAR／

61　NOSS：Naval Ocean Surveillance System　中国のNOSSでは、特定目標に対して一日18回の偵察が可能である。

EO／IRイメージング衛星とNOSSの改善、②OTHレーダーの数を増加し、緊要な地域におけるISRをオーバーラップさせる、③長距離のISR無人機を導入する、④ASBMの能力を改善する、⑤C4ISRの能力を向上させる——などが挙げられよう。

米軍の対抗策は、①OTHレーダーの破壊、ジャミング、②ASBMに対する艦隊防空の強化、③艦船速度の増大や電波制限などの処置、などである。

中国軍の空中発射ASCM（対艦巡航ミサイル）の脅威

空中発射ASCMの質は著しく改善されてきている。図表㊹をご覧いただきたい。1996年にはQ-5対地攻撃機（最大戦闘行動半径600km）と対艦巡航ミサイルYJ-81（70km）のセットで670kmまでしかカバーできていなかったが、2017年にはJ-16攻撃機（1500km）と対艦巡航ミサイルYJ-62（280km）のセットで1780kmをカバーできるようになり、米軍の水上艦艇にとっては大きな脅威となる。しかし、長距離での対艦巡航ミサイルの使用を追求すればするほど、攻撃機の援護は難しくなるし、米軍の空母戦闘グループの防空網に近づくことになり、それだけ危険を伴うことになる。

中国海軍の水上艦艇発射ASCM

図表㊹　中国軍の空中発射ASCMの最大交戦距離

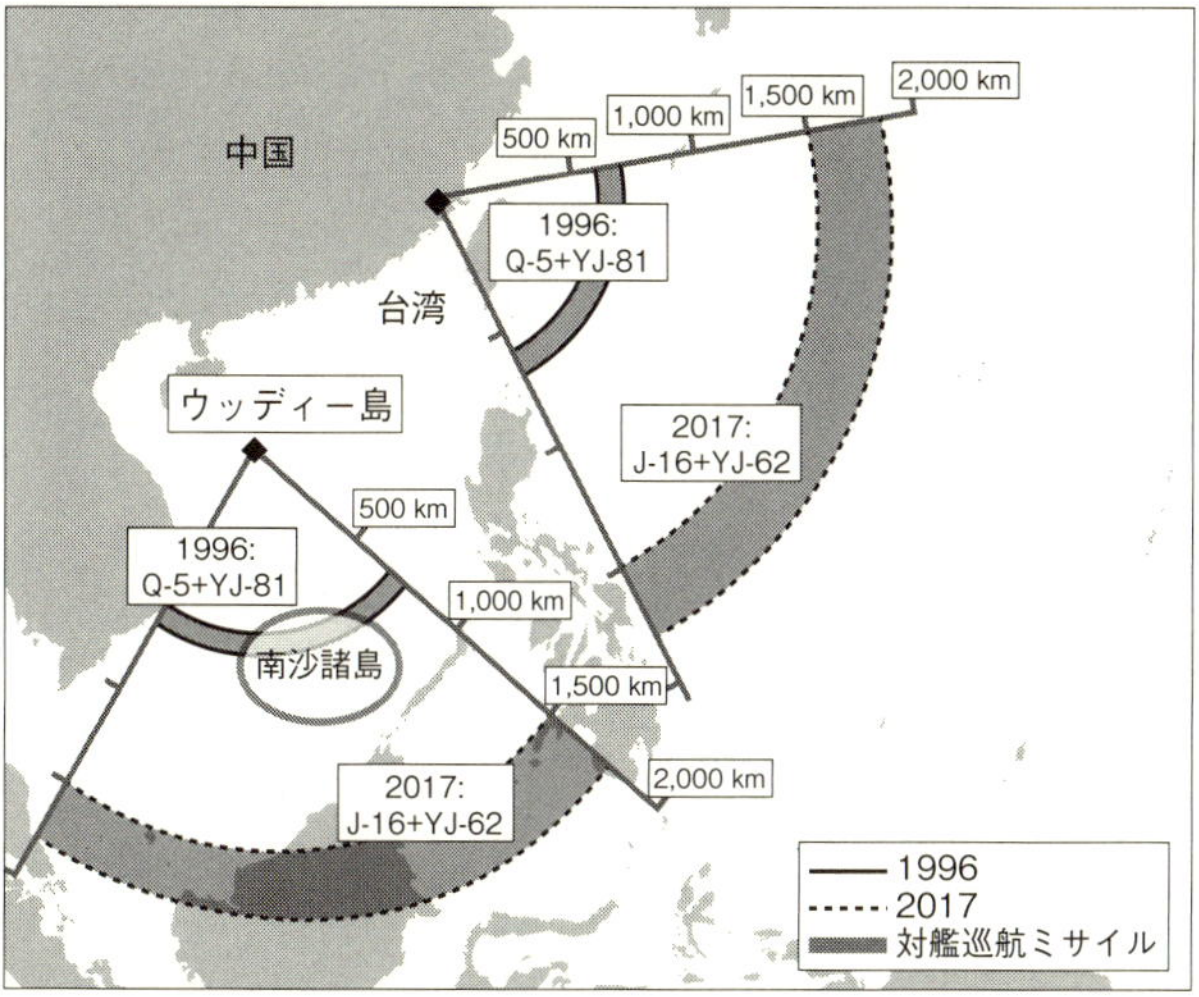

出典：ランド

２０１０年には中国のルーヤンⅡ（Ｔｙｐｅ－52Ｃ）級ミサイル駆逐艦が巡航ミサイルＹＪ－62（２８０㎞）を装備し、２０１７年にはルーヤンⅢ（Ｔｙｐｅ－52Ｄ）級ミサイル駆逐艦が垂直発射の超音速長距離巡航ミサイルＹＪ－18（５４０㎞）を装備、両艦ともに目標発見能力のあるＯＴＨレーダーを備えており、急速に対艦戦能力を高めている。

中国軍潜水艦の脅威

繰り返しになるが、中国の潜水艦と航空戦力は、ＤＦ－21Ｄ以上に米空母打撃部隊に対して、より確実に脅威を与え得る兵器になっている。

図表㊺　中国水上艦艇のレーダーの探知範囲とASCMの最大射程

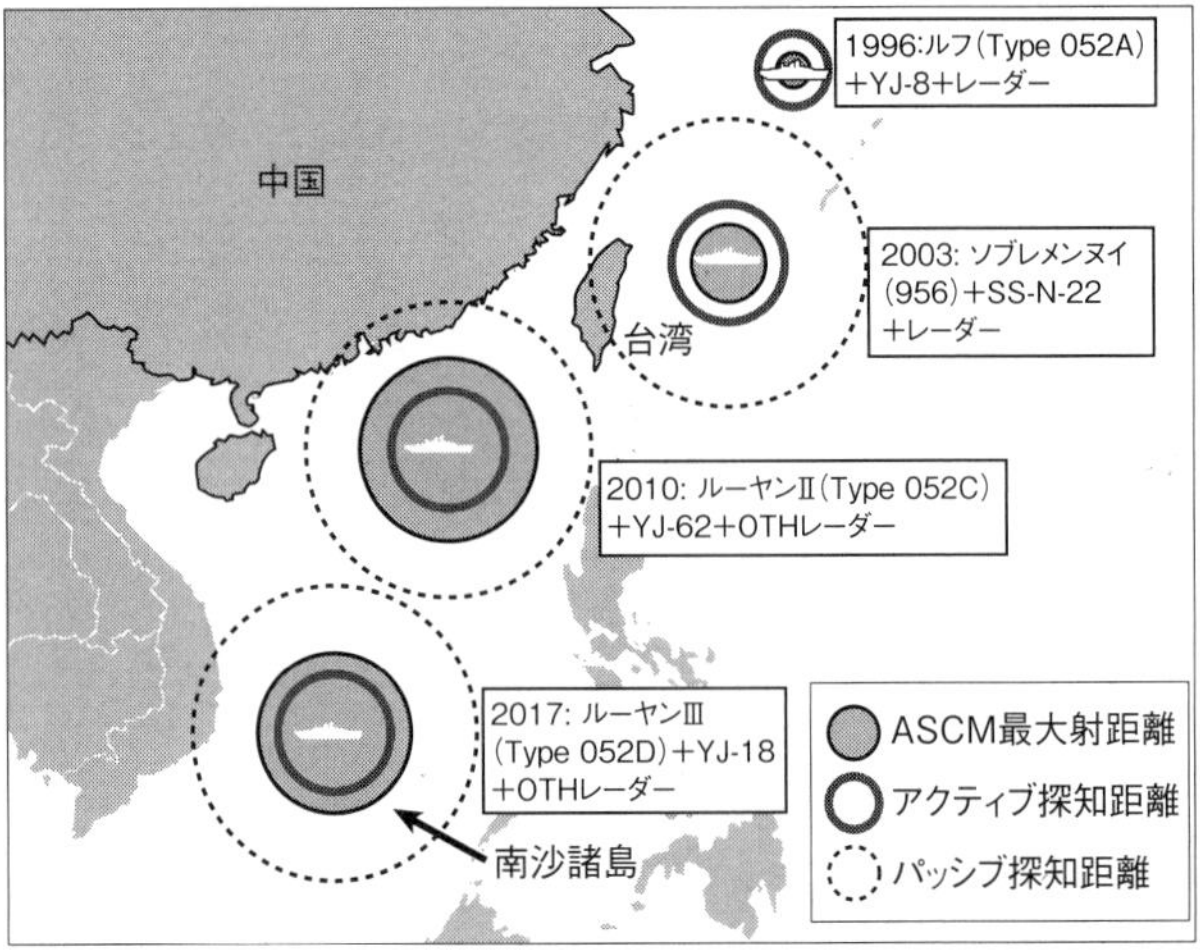

出典：ランド

とくに潜水艦は質の向上と量の増加が目覚ましく、1996年から2015年の間に中国海軍のディーゼル潜水艦は2隻から37隻へと急増、そのうち4隻以外の大多数の潜水艦は巡航ミサイルと魚雷を装備している。そのうえ、キロ級の636型潜水艦に代表される静粛性に優れた潜水艦が増加しており、台湾及び南シナ海の両紛争において、米水上艦艇の脅威となるだろう。

米軍の潜水艦と対潜戦能力

続いて図表㊻「米海軍の潜水艦」をご覧いただきたい。米軍の潜水艦はすべて原子力潜水艦であり、20

図表㊻　米海軍の潜水艦

米海軍攻撃型潜水艦

攻撃型潜水艦	IOC	Tons	1996	2003	2010	2015 (current)	2017
スタージョン級 (SSN-637)	1967	4,714	25	1	—	—	—
ロサンゼルス級 (SSN-688)	1976	6,927	37	28	22	19	12
ロサンゼルス（改善）級 (SSN-688i)	1988	7,147	20	23	23	22	22
シーウルフ級 (SSN-21)	1997	9,138	—	2	3	3	3
バージニア級 (SSN-774)	2004	7,800	—	—	5	11	15
合計			82	54	53	55	52

出典：ランド

１５年時点で合計55隻を保有、その実力は世界一である。１９９６年にロサンゼルス級が主力の潜水艦となり、２００３年にはシーウルフ級、２０１０年にはバージニア級が就役した。パッシブソナーという高性能ソナーで相手の潜水艦を探知、Ｍｋ－48魚雷での攻撃が可能である。バージニア級と大部分のロサンゼルス級は巡航ミサイルのトマホークＳＬＣＭ用ＶＬＳを12基装備している。

米軍の対潜戦能力の３本柱は、潜水艦、哨戒機（Ｐ－３オライオン、Ｐ－８ポセイドン）、そして音響測定艦（Ｔ－ＡＧＯＳ）である。図表㊼「米国及び中国潜水艦の探知距離」を見ると、米軍の潜水艦等（とくにＴ－ＡＧＯＳ）の中国潜水艦を探知する能力はきわめて高いことが分かる。米国の水上艦艇にとって中国潜水艦は脅威ではある

図表㊼　米国及び中国潜水艦の探知距離

中国軍潜水艦による米空母の探知		米国の対潜水艦戦兵器による中国潜水艦の探知		
		By U.S. SSNs	By U.S. MPAs	By U.S. T-AGOS Ships
キロ（877）	実物（<5nm）	2nd CZ（−50nm）	1st CZ（−25nm）	3rd CZ（−75nm）
宗	1st CZ（−25nm）	1st CZ（−25nm）	実物（<5nm）	2nd CZ（−50nm）
元	1st CZ（−25nm）	1st CZ（−25nm）	実物（<5nm）	2nd CZ（−50nm）
キロ（636）	1st CZ（−25nm）	DS（<5nm）	実物（<5nm）	1st CZ（−25nm）
漢	実物（<5nm）	2nd CZ（−50nm）	1st CZ（−25nm）	3rd CZ（−75nm）
商（093）	実物（<5nm）	2nd CZ（−50nm）	1st CZ（−25nm）	3rd CZ（−75nm）
商（093A）Type 095	1st CZ（−25nm）	1st CZ（−25nm）	実物（<5nm）	2nd CZ（−50nm）

出典：ランド　　CZ：Convergence Zone　収束帯

が、米海軍の優れた対潜戦能力で対抗し、圧倒することになる。米国にとっては、水中優勢の獲得が強みとなる。

米国空母vs.中国潜水艦

図表㊽は各艦隊の基地から戦場までの距離である。戦場が台湾周辺であれば、北海艦隊で８００カイリ、東海艦隊で４５０カイリ、南海艦隊で７５０カイリであり、各艦隊から１０００カイリ以内の距離にある。一方で、戦場が南沙諸島周辺のケースになると北海艦隊で１６７５カイリ、東海艦隊で１３５０カイリ、南海艦隊で７００カイリと全体的に長距離になる。距離が近くなれば中国潜水艦の米空母との交戦回数が多くなり、米空母に損害を与える確率は

図表㊽　各艦隊の作戦地域までの距離

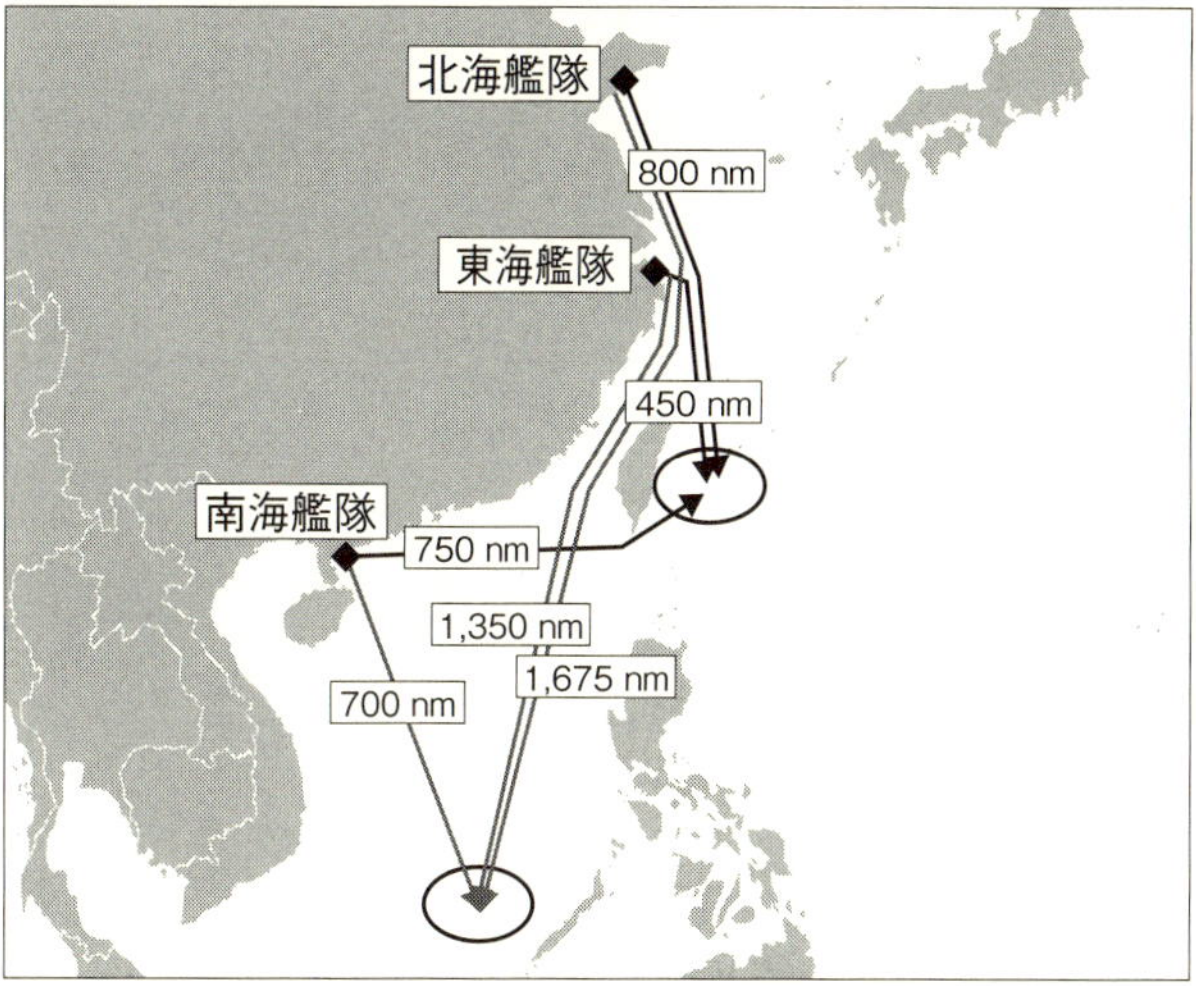

出典：ランド

改善される。

図表㊾は、中国潜水艦１隻が米空母１隻と交戦する回数を示している。静粛性に優れた潜水艦（キロ級６３６型、商級０９５型）が、一日１回のキューイング（彼我の位置情報の入手、戦闘指示を受けること）を実施し、米空母の活動範囲が狭くなればなるほど交戦回数は増加する。

台湾及び南沙諸島周辺１０００カイリを１回パトロールするのに必要な潜水艦数は、台湾のケースでは２～３隻、南沙諸島のケースでは３～４隻である。

図表㊿は、７日間の作戦における中国潜水艦全隻の米空母１隻との交

図表㊾　中国潜水艦１隻と米空母１隻の交戦回数

7日間の作戦における中国軍潜水艦1隻と米空母1隻の交戦回数

艦クラス	キューイング	1996		2003		2010		2017	
		500nm	1,000nm	500nm	1,000nm	500nm	1,000nm	500nm	1,000nm
キロ（877）対潜潜水艦	None	0.003	0.003	0.003	0.003	0.003	0.003	0.002	0.003
	24hours	0.021	0.029	0.021	0.029	0.021	0.029	0.016	0.026
漢 攻撃型潜水艦/商（093）攻撃型潜水艦	None	0.018	0.014	0.018	0.014	0.018	0.014	0.013	0.012
	24hours	0.048	0.067	0.048	0.067	0.048	0.067	0.035	0.058
宋 対潜潜水艦/元対潜潜水艦	None			0.073	0.04	0.073	0.04	0.068	0.038
	24hours			0.326	0.323	0.326	0.323	0.303	0.309
キロ（636）対潜潜水艦	None					0.111	0.045	0.108	0.044
	24hours					0.487	0.365	0.475	0.36
商（093A）攻撃型潜水艦/095型攻撃型潜水艦	None							0.217	0.102
	24hours							0.538	0.645

出典：ランド

戦回数の総計だ。逐年、中国潜水艦の能力がアップし、交戦回数が増加しているのがわかる。言うまでもなく、中国軍にとっては中国本土から遠い南沙諸島よりも、近い台湾の方が有利となる。また、一日１回のキューイングがある（米空母等の情報を得ることができる）場合の方が交戦回数が多いことがわかる。

図表(51)は「中国の対水上艦艇戦闘能力」をスコアカードで示している。２００３年以前は両ケースともに米軍が優勢であったが、逐年中国軍の能力が向上し、その差を縮めている。とくに、台湾紛争シナリオでは２０１７年には中国軍が逆転し、優勢になっている点に留意すべきである。

■SC6■米国の対水上艦艇戦闘能力

図表㊿　中国潜水艦全隻と米空母１隻の交戦回数

7日間の作戦における中国潜水艦の米空母1隻に対する交戦回数の総計

キューイング	シナリオ	1996	2003	2010	2017
キューイングなし	台湾	0.04	0.09	0.42	0.58
	南沙諸島	0.03	0.07	0.33	0.45
キューイングあり	台湾	0.19	0.59	3.25	4.68
	南沙諸島	0.17	0.48	2.54	3.63

出典：ランド

図表�51　スコアカード5

スコアカード５：中国の対水上艦艇戦闘能力								
台湾紛争					南沙諸島紛争			
1996	2003	2010	2017		1996	2003	2010	2017
米	米		中		米	米	米	

米軍の中国水上艦艇に対する戦闘能力は、中国の防護能力の向上によって相対的に若干低下しているものの、いまだに恐るべき力を誇っている。米国の原子力攻撃型潜水艦が保有する魚雷は、敵の水上艦艇に対し最も信頼できる攻撃兵器となる。航空機や水上艦艇の支援を受けて米潜水艦は、中国の侵攻部隊にかなりの打撃を与えることになるであろう。

冷戦終結以降、米海軍の水上艦艇、そして海・空軍の攻撃機は、対水上艦艇戦能力に重点的に投資をしてこなかったこともあり、対艦巡航ミサイル（ＡＳＣＭ）は旧式になっていた。だが、近年の新たなＡＳＣＭの開発により、米国の対水上艦艇戦能力は再び強力になっており、中国軍の大規模な水陸両用作戦は非常にリスクの高い作戦となっている。

■台湾シナリオの場合

中国の上陸部隊を輸送する水陸両用舟艇は2015年及び2017年ともに89隻である。2017年には最新の強襲揚陸艦（Type-081、海自の強襲揚陸艦「いずも」の1・5倍とされる）が投入される。この89隻をすべて使用したと仮定すると、1波（1回）の輸送可能兵力は同時上陸2・7個師団分（ちなみに1996年で1・2、2003年1・4、2010年2・6個師団）であり、これを1週間継続すると、5倍の13・5個師団分を輸送できると予想される。しかし、台湾軍は現役13個旅団、予備21個歩兵旅団によって中国の上陸を待ち構えているので、中国軍の大規模な上陸作戦は非常に困難なものになるだろう。

図表㉜は、米国潜水艦の哨戒経路と、中国軍水陸両用部隊が上陸作戦を実施する際の移動経路である。2003年まではロサンゼルス級の潜水艦（魚雷26個装備）だったが、2017年には静粛性に優れ、攻撃能力が増したバージニア級の潜水艦（魚雷38個装備）を運用可能である。これに対して、2017年の中国軍の対潜戦能力は、ヘリコプターはKa-28が19機、Z-9Cが25機、Z-18Fが2機などであり、哨戒機はSH-5が3機、Y-8Xが3機のみ。中国軍の対潜戦能力は低い。

図表㉜　米国潜水艦のパトロール経路と中国軍水陸両用部隊の移動経路

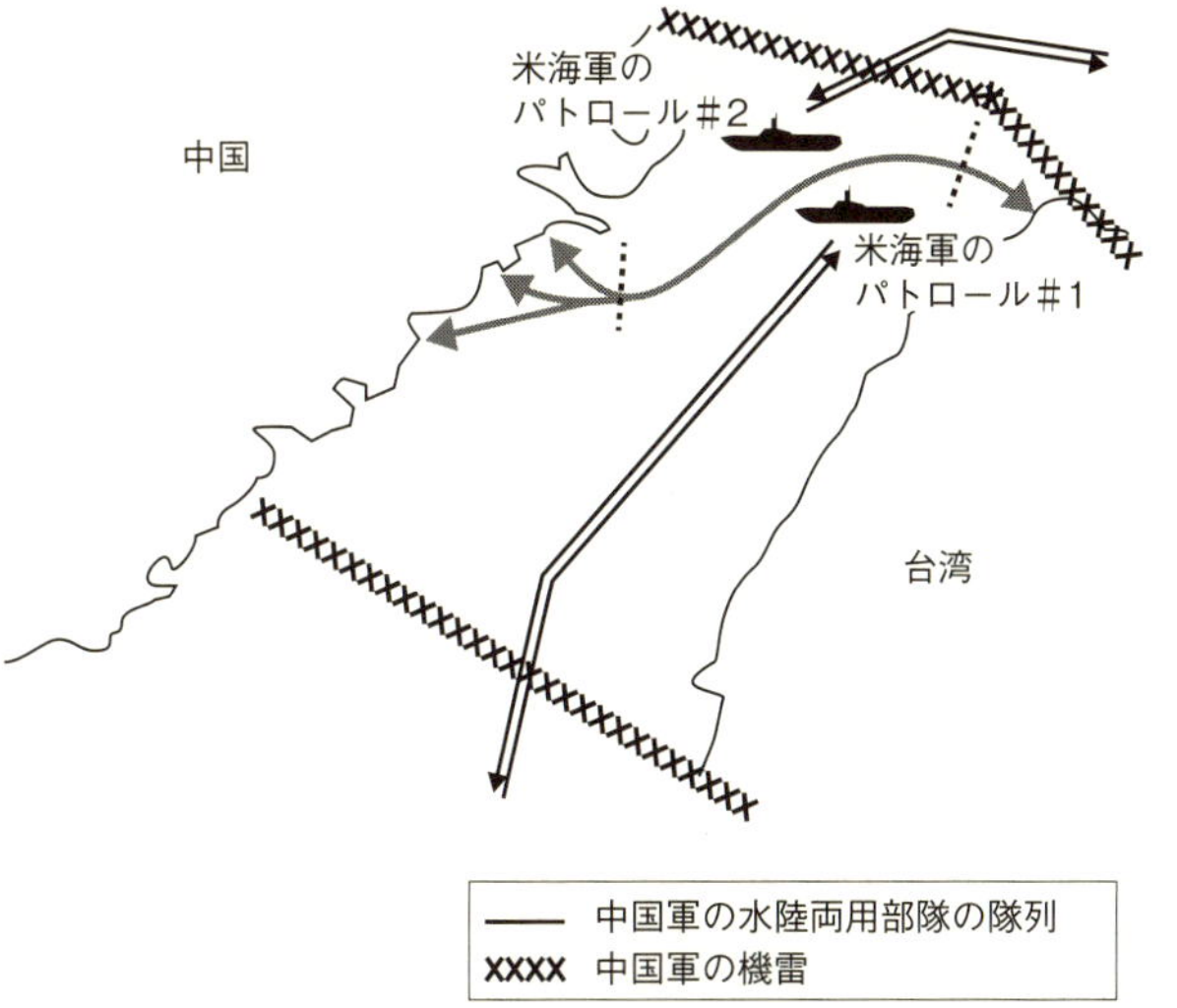

出典：ランド

図表㉝は、米国潜水艦の攻撃による中国軍水陸両用舟艇の損害率を表している。１９９６年や２００３年では１００％の中国揚陸艦を破壊できていたが、２０１０年には73％、２０１７年には41％にまで低下している。また、上陸部隊の損害は、１９９６年の70％から、２０１７年には22％と急激に損害率が低下している。

一方、米国潜水艦の１週間の作戦における損耗数は、２０１７年の時点で１・８２隻の損耗となる。

図表53　中国の両用船及び上陸部隊の損害率

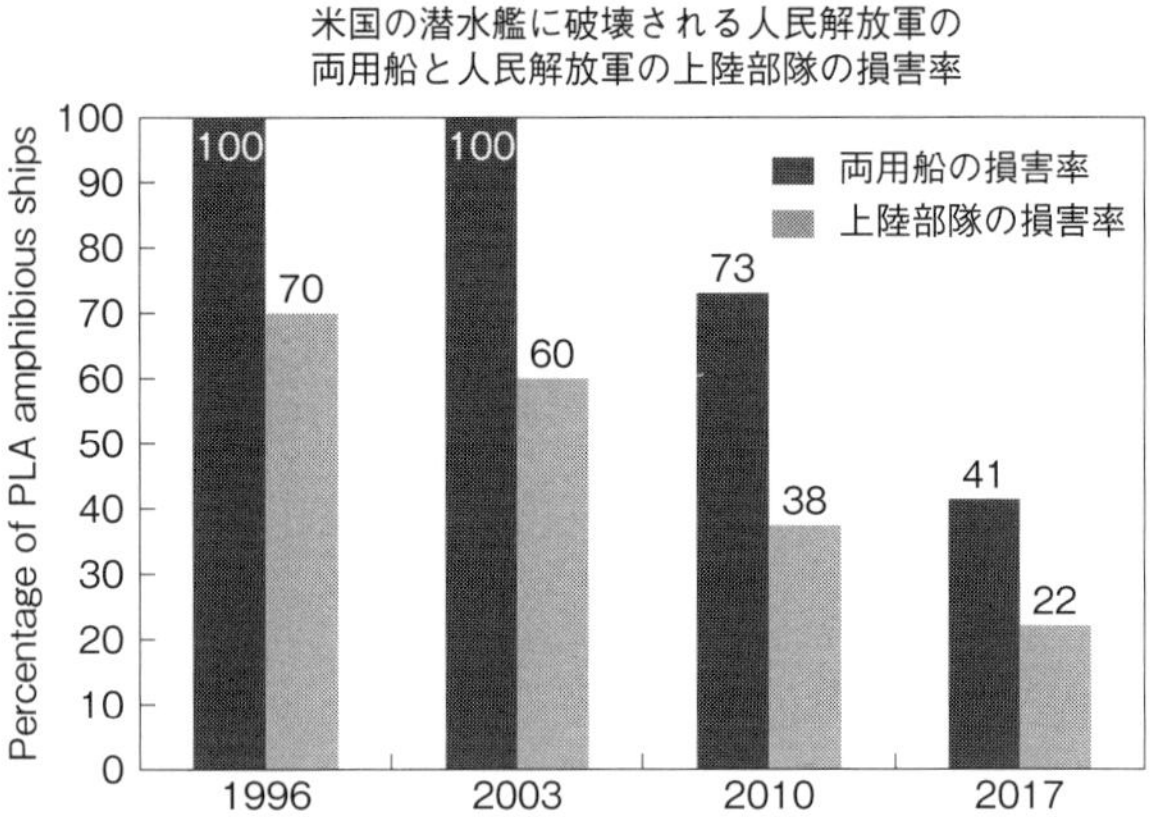

出典：ランド

以上をまとめると、中国の水陸両用戦力は１９９６年から２０１７年で２倍になる。米軍が保有する中国水陸両用戦力を撃破する能力は１９９６年から比較すると相対的にわずかに低下しているが、いまだに強力である。

中国は対潜水艦用ヘリや船舶を配置してきた。米国の潜水艦が与えうる損害は、やはり相対的に低下しているが、２０１７年時点での７日間の紛争で中国の両用戦能力の40%を破壊しうる。これは、上陸部隊の組織的に戦闘する能力を破壊することを意味する。

米国の巡航ミサイル搭載の艦艇・航空機も対水上艦艇戦に参加することになるだろうが、前述したように巡航ミサイル

図表㊿④　スコアカード6

スコアカード6：米国の対水上艦艇戦闘能力								
台湾紛争					南沙諸島紛争			
1996	2003	2010	2017		1996	2003	2010	2017
米	米	米	米		米	米	米	米

の開発は優先されてこなかった。ただし、ここ数年、高烈度の戦域のためのミサイル開発に再び焦点が当たってきた。米国の中国水上艦艇に対する能力は相対的に低下しているが、潜水艦、航空機、水上艦艇による攻撃は、中国の両用戦力と両用戦を実施し継続する能力にとって大きな脅威であることは間違いない。

図表㊿④は「米国の対水上艦艇戦闘能力」を示しているが、すべてのシナリオ及び期間において米軍が中国軍を圧倒している。

■SC7■米国の対宇宙能力vs.中国の宇宙システム

2015年1月の段階で、米国は526基の衛星を運用中であり、132基の中国の衛星を凌駕していた。しかし、中国は、2009年から2014年のうちに、2003年から2008年間の2倍の衛星を打ち上げ、米国に肉薄しようとしている。

米国政府や議会は、伝統的に軍事作戦としての対衛星兵器の配置には否定的であり、米軍が要求する対衛星兵器関連予算を拒否してきた。米国の対衛星兵器の配置は他国による同様な配置を正当化する恐れがあるし、宇宙の自由な使用こそが米国の国益にかなうと考えられてきたからである。だが、米国政府や議会は、中国やロシアが保有する対衛星兵器の脅威に直面し、2002年に従来の方針を転換、空軍の二つの対衛星兵器事業を認めた。ただし、対監視偵察システムに関する事業は2003年に否定され、2004年に敵の衛星通信を妨害する能力を有する通信妨害システム（CCS）[62]関連予算のみが承認されている。

2003年までは中国が有利だった

宇宙関連の軍民両用のシステムの登場は、有事における米軍の利用に攻撃の幅を与えることになる。例えば、宇宙に建設された軍民両用のレーザー照準ステーション（このレーザーは通常は民需用に使用されているが、軍事用にも使用可能）を活用すると、その高出力レーザーシステムにより中国の衛星の光学センサーを妨害できる。

実運用上の制約や政治的配慮により、衛星を破壊するような攻撃は実際には難しいが、対弾道ミサイル迎撃兵器を衛星攻撃兵器（ASAT）として使用できる。弾道ミサイル防衛（BMD）の一部であるSM-3、とくにSM-3BlockⅡA（射程400km、射高250km）は、中国の低高度衛星を破壊可能である。また、終末高高度防衛（THAAD）システム（射程200km、射高20～150km）やICBMも迎撃可能な地上配置ミッドコース防衛

図表55　スコアカード7

スコアカード7：米国の対宇宙能力vs.中国の宇宙システム								
台湾紛争					南沙諸島紛争			
1996	2003	2010	2017		1996	2003	2010	2017
中	中				中	中		

（GMD[63]）ミサイル（射程5000km、高度1875kmまでの試験を実施済み）もASATとしての能力を持つ。

総じて、地上作戦を支援するための宇宙の利用では米国は中国をリードしているが、対衛星能力の点では、開発途上にある。

図表55は「米国の対宇宙能力vs.中国の宇宙システム」を示すものだが、米国の対宇宙分野での自制もあり、2003年まで中国が優勢であった。ただし、2010年以降の米国の努力により米中互角の状態になっている。

■SC8■中国の対宇宙能力vs.米国の宇宙システム

中国は広範な対宇宙能力を追求してきた。2007年には高度850kmにある自国の衛星に対するミサイルテストで同衛星を破壊、その対衛星能力を実証している。同実験により、この高度に存在する米国の多くの低軌道衛星が脆弱であることが明らかになった。2014年

62　CCS：Counter Communications System
63　GMD：Ground-Based Midcourse Defense

図表㊿ スコアカード8

スコアカード8：中国の対宇宙能力vs.米国の宇宙システム								
台湾紛争					南沙諸島紛争			
1996	2003	2010	2017		1996	2003	2010	2017
米	米				米	米		

7月には弾道ミサイル迎撃試験を3度実施したが、これもまた対衛星兵器として必要な技術である。ただし、最終的には政治的配慮、エスカレーションの危険性、中国システムの宇宙ゴミに対する脆弱性により、衛星に対し直接衝突して破壊する兵器（運動エネルギー兵器）の使用は抑制されるかもしれない。

より厄介なのはロシア製のジャミング（電波妨害）システムや軍民両用の高出力無線送信機だろう。これらは米国の通信衛星やISR衛星に対して使用可能である。中国は、米国と同様にレーザー照準ステーションを運用しており、米国の衛星を攪乱したり、衛星を追跡、他の攻撃方法を容易にしたりすることが可能である。

ただし、米国衛星の高度・数・衛星軌道、攻撃を受けた際の機能維持力により、その脅威は違ってくる。米国の衛星の中でジャミングに弱い通信衛星及び4基の低軌道を飛行するイメージング・システムは中国の対宇宙能力に対して脆弱だ。米国のGPSやミサイル警戒衛星については衛星機能の改善や数の増加でリスクを軽減できるかもしれない。

図表56は「中国の対宇宙能力vs.米国の宇宙システム」をスコアカードで示している。2010年以降は米中互角の状況にある。

■SC9■米国と中国のサイバー戦能力

米中戦争において米中は、サイバー戦を確実に実施する。現在進行中の中国のサイバー戦（サイバースパイ活動、サイバー窃取など）は、米国と同盟国の主要な懸念事項になっている。中国からもたらされる悪意あるサイバースパイ活動は中国軍が発信源になっている。ただし、過去においても2017年の時点でも、サイバー戦のすべての分野（攻撃・防御のスキル、リーダーシップ、ネットワーク管理、全般的な強靱性）で米国は中国を凌駕している。

中国のサイバー部隊の設立は1990年代後半であり、米国のサイバーコマンド（USCYBERCOM）の設立年である2009年よりも早い。しかし、米国のサイバーコマンドは、サイバー戦分野できわめて能力の高い国家安全保障局（NSA）と密接に連携し、NSAの最先端の技術を活用する利点を有するなど、そのサイバー戦能力は中国軍よりも高い。また、軍種レベルでは米空軍の第67サイバースペース航空団（67th Cyberspace Wing）の能力は、中国軍のカウンターパートを凌駕する。

しかし、米国の兵站分野や産業制御システム（SCADA）と連接するシステムは、中国

図表㊼　スコアカード9

スコアカード9：米国と中国のサイバー戦能力								
台湾紛争					南沙諸島紛争			
1996	2003	2010	2017		1996	2003	2010	2017
米	米	米	米		米	米	米	米

のサイバー戦能力に対して脆弱である、なぜなら秘匿されていない一般のネットワークにつながっているからである。

サイバー戦のエスカレーションに関しては、双方が戦略的サイバー戦（政府システムの攻撃、重要インフラへの攻撃など）を実施するか否かが重要となるが、その結果は、双方の攻撃能力だけではなく、防御態勢、組織やインフラの強靭性、大衆の反応、政治指導者の資質などに左右される。

図表㊼は「米国と中国のサイバー戦能力」を示したものだ。全般的に米国が優勢だが、中国の能力は逐次向上している。

■SC10■米国と中国の戦略核の安定

核のスコアカードについては、米中どちらの戦略核が優勢であるかではなく、米中間の戦略核の安定性を評価する。ここで言う「安定性」とは、米中双方が相手に対して核攻撃を行う動機がない安定した状態をいう。つまり、米中双方が相手から核攻撃の第1撃を受けたとしても、攻撃した相手が報復する能力（第2撃能力という）を十分保持

図表58　米国と中国の核カウンターフォース第1撃の結果

弾頭	1996	2003	2010	2017（中国は少なめ）	2017（中国は多め）
中国の保有数（弾頭）	19	40	68	106	160
米国の保有数（弾頭）	7,646	6,488	4,806	2,144	2,144
米国の中国第１撃					
米国が使用する弾頭数	23	91	132	157	157
米国の打撃から生き残る中国の弾頭数	4	6	13	15	27
米国のGBI（弾道ミサイル迎撃ミサイル）	―	―	24	44	44
中国の米国第１撃					
中国が使用する弾頭	19	40	68	106	160
生き残る米国の弾頭数	3,390	3,146	2,240	998	988

出典：ランド

しているとお互いが知っているために核戦争は起こらない。核の安定のために重要な要素は第2撃能力であり、相手の第1撃に対する第2撃能力の残存性を検証した。

中国は残存性に優れる路上機動（路上移動など機動性に優れる）のDF-31、DF-31A（ICBM）や、晋級弾道ミサイル原子力潜水艦（SSBN-Type094、12発のJL-2潜水艦発射型弾道ミサイルを搭載）の導入によって戦略核の残存能力を高めている。さらに、DF-5ミサイルをMIRV化（一つの弾道ミサイルに複数の核弾頭を装備しそれぞれ異なる目標を攻撃できる弾道ミサイルの弾頭搭載方式）

し、さらに次世代の路上機動ＩＣＢＭ、ＳＳＢＮ、ＳＬＢＭも開発中とされる。米国も戦略核の近代化に予算を投入する一方で、ＳＴＡＲＴ（戦略兵器削減条約）や新ＳＴＡＲＴの拘束を受け、核弾頭と戦略運搬システムの削減を行っている。

以上の状況ではあるが、２０１７年の段階でも米国が核弾頭数においては13対１で優勢である。中国の第１撃はどの年度においても米国の第２撃報復能力を無効化することはできない。しかしながら、２００３年の時点では米国の第１撃に対し残存できる中国の第２撃能力はほんのわずかであったが、２０１０年・２０１７年の段階で中国の核弾頭はより多く残存することになる。そのため、米国にとって、中国に対する第１撃能力の削減は受け入れられない選択肢である。

米中軍事スコアカードの結論

●１９９６年以来、中国軍は長足の進歩を果たし、米軍の改善にもかかわらず、全体的な傾向としては中国軍が差を縮小させる方向に推移している。

●軍事的な趨勢は任務分野によって違い、中国の軍事的発展がすべての分野にあてはまるわけではない。ある分野においては、米国の進歩改善が米国に新たな選択肢を提供しているし、少なくとも中国の軍事近代化による効果を相殺している。

●距離（比較的短距離でさえ）が緊要な目標達成のための両者の能力に主要なインパクトを与える。中国の戦力投射能力は改善しているが、中国軍の事態対応能力、戦闘に勝利する能力は、ジェット戦闘機及びディーゼル潜水艦の無給油での行動半径を超えると急速に低下する。中国本土から長距離離隔しての作戦は、常に中国にとって不利に働くであろう。しかし、この状況は数年後には変化すると思われる。

●近さの利点が中国軍に大きな利点を与える一方で、米軍の任務遂行を非常に複雑にする。この点が本研究の中核となる発見であり、能力に関する、より抽象的な評価よりも作戦分析の価値に光を与えるものである。

●中国軍は、総合的な能力において米軍事力に追いつくまでには至らない。しかし、中国近傍を支配するためであれば米軍に追いつく必要はない。

●今後5年から15年、米軍と中国軍はおおむね現在の傾向のまま推移し、結果的に米国の支配する地域が次第に後退していくであろう。

●中国軍は、紛争の初期において一時的・局所的な航空優勢と海上優勢を確立する能力を有する。その結果、特定の地域紛争では、中国軍は米軍を撃破することなく限定的な目的を達成できるようになるであろう。中国の指導者は、この一時的・局所的優勢により、周辺諸国との紛争に米国が介入する事態を抑止できると判断するかもしれない。この現実は米国の抑止力を低下させ、危機に際し、北京の軍事力の使用に関する判断を左右することになるかもしれない。

スコアカード・五つの提言

ランド研究所では「紛争開始時の米軍の損害を減少させ、勝利を確実にする」ための、五つの提言を行っている。

●バランス・オブ・パワーの変化は米国に不利なトレンドではあるが、戦争は北京にとっても大きなリスクであることを明確に認識させるべきである。

●兵器調達の優先順位においては、基地の抗堪性（余剰と残存性）、高烈度紛争に最適なスタンドオフ・システム、ステルスで残存性の高い戦闘機及び爆撃機、潜水艦戦と対潜水艦戦、強力な宇宙・対宇宙能力を優先すべきである。

●米国の太平洋軍事作戦計画策定においては、アジアの戦略的縦深（地理的な縦深性、日本などの同盟国が米国の緩衝地帯を形成することに伴う縦深性）を活用する。米軍がこうむる当初の打撃を吸収し最終目標に向かっての反撃を可能にする「積極拒否戦略」（active denial strategy）を考慮すべきである。その結果、中国近傍の地域を静的に防護することは難しくなるであろう。

●米国の政治・軍事関係者は、太平洋の島嶼諸国及び南東アジア諸国との連携、戦時の際の潜在的アクセス権の拡大に努力すべきである。最も緊急なのはフィリピン・ベトナムとの防衛関係を深化させることである。また、インドネシア・マレーシアを含む南東アジア南部の諸国とも連携しなければならない。これは、米国により大きな戦略的縦深と、米軍により多くの選択肢を提供することになる。

●米国は戦略的安定・エスカレーション問題において、中国に関与する努力を続けなければならない。

4　スコアカードに関する筆者の評価

以下は筆者が本報告書を精読した上での評価・感想である。

日本の安全保障に与える影響

●本報告書には日本防衛に影響を与える記述が随所にあり、その記述を詳細に分析する必要がある。例えば、「嘉手納基地（台湾海峡に最も近い米国の空軍基地）に対する比較的少数の弾道ミサイル攻撃により、紛争初期は緊要な数日間基地が閉鎖、より集中的な攻撃の場合は数週間の閉鎖になる可能性がある。米国の対抗手段（防空の改善、飛行機格納庫の硬化、より迅速な被害修復、航空機の分散）により、その脅威を減少させることができる」などといった記述である。

とくに台湾危機シナリオは日本防衛に直結する。台湾の紛争が在日米軍基地への攻撃などの形で我が国に波及すれば、日本有事になる。南西諸島の防衛をいかにすべきか、在日米軍基地を含む日本の防衛態勢をいかにすべきかを真剣に考える契機とすべきである。台湾や南シナ海の危機は日本の危機でもあるのだ。

●ランドの研究グループは、作戦構想としてエア・シー・バトルを採用しているために、「アジアの戦略的縦深を活用し、米軍がこうむる当初の打撃を吸収し最終目標に向かっての反撃を可能にする『積極拒否戦略』を考慮すべきである。中国近傍の地域を静的に防護することは難しくなるであろう」と提言しているが、この提言は重要だ。要するにこれは、「危機当初は米空軍・海軍が中国軍の打撃を避けるために後方に退避し、反撃を準備してから攻勢に出る」という意味である。米国の同盟国である紛争当事国は米軍の反撃が開始されるまで中国軍の攻撃に耐えなければいけない――「積極拒否戦略」にはそのような意味が込められている。これは台湾やフィリピンのみならず、日本にも当てはまることであり、米国に一方的に依存するのではなく自主的な防衛力整備や防衛努力が求められている。

●我が国においても、ランド研究所のシミュレーションを上回る分析が必要であり、詳細かつ妥当な分析に基づく防衛力整備、防衛諸計画策定がなされていくことを期待する。

●米中の戦略核のバランスが詳細に分析されているが、我が国にとって米国の拡大抑止(核の傘)の信頼性の問題は重要である。非核三原則を採用する我が国は、米国の核の傘に全面的に依存せざるを得ない。しかし、最近(2016年7月)報じられた「バラク・オバマ大統領は、米国の先制核使用を放棄する意向だ」という米国内の各種報道は、米国の核の傘の信頼性に疑問を抱かせる実例である。中国に誤解を与えないためにも、米国の核の傘の信頼性向上の努力を今後とも日米双方が継続していくことが重要となる。

●我が国ではいまだ宇宙ドメインでの作戦やサイバー戦についての認識が浅いが、米国での議論は五つのドメインすべて網羅した作戦が常態となっている。我が国における宇宙とサイバードメインでの作戦能力の向上が急務である。

米中軍事スコアカードの改善点

●現代戦は陸・海・空・宇宙・サイバーの五つのドメインで行われるが、すでに何度か指摘したとおり各ドメイン単独ではなく、すべてのドメインにまたがる作戦＝クロス・ドメイン作戦（CDO）にならざるを得ない。ランド研究所のスコアカード方式の分析をさらに進化させるとすれば、CDOを考慮した、よりダイナミックな分析が必要になる。

●本報告書で取り扱われなかった陸上戦闘、情報戦、上陸作戦の分析なども必要になる。

●米中以外の第三国の作戦も加味する必要がある。例えば、台湾シナリオでは、台湾軍の作戦により米軍の来援のための時間を稼ぎ、米軍来援の有利な条件を作為することができる。また、日本についても、有事における自衛隊の作戦も加味した分析が必要になってくる。なお、ランド研究所はとくに日本の潜水艦戦、対潜水艦戦での協力を挙げている。

以上のような改善点を指摘したが、膨大なエネルギーを投入して完成した「米中軍事スコアカード」は高く評価されるべきである。このようなシミュレーションなくして為政者が政策を決定することはできない。とくに南シナ海での米中による不測事態の発生が懸念される情勢だけに、本報告書の発表は非常にタイムリーであった。

第5章　いま日本は何をなすべきか

東日本大震災時に軍事偵察を活発化させた中国・ロシア

日本人は今、内憂外患が絶えない困難な時代を生きている。内憂については、我が国は1000年に一度の地殻変動の大激動期にある。阪神・淡路大震災や東日本大震災等を経験してきたし、今後も首都直下地震及び南海トラフ大震災はほぼ確実に発生する。我々は発生確率の高いこれらの大震災が引き起こす未曾有の危機に備えなければならない。大震災に対処できる強靱な社会、強靱なインフラを構築する必要がある。

外患は、我が国を取り巻く厳しい安全保障環境であり、より具体的には中国、ロシア、北朝鮮の存在だ。言うまでもなく、最大の脅威は中国である。急激な経済発展を遂げ世界第2位の経済大国に上り詰め、そしてその経済力を背景として世界第2位の軍事費を誇る中国は、富国強軍を選択し、中華民族の偉大なる復興を実現しようとしている。アジア地域から米国を追い出し、この地域の覇権大国になろうとしている。その表れが、東シナ海や南シナ海における領土要求を絡めた強圧的な態度である。日本に対しては、歴史的な我が国への恨みを背景とする敵対的な政策や言動が目立つ。とくに尖閣諸島問題に関しては、海警局の公船が領海侵犯を繰り返す一方で、中国軍戦闘機はいつ不測の事態が起こってもおかしくないきわめて危険な行動を繰り返している。

ロシアは、ウラジーミル・プーチン大統領のもとで、強いロシアの復活を目的として急速な軍事力の増強を推進し、クリミア併合やウクライナ東部での軍事力行使、シリアでの乱暴な軍事活動を繰り返してきた。我が国の北方領土の返還要求にも依然として応じていない。北朝鮮は、金正恩独裁体制のもとで核・弾道ミサイルの開発に狂奔《きょうほん》し、日本にとっても無視できない存在になっている。

筆者が最も恐れる最悪のシナリオは、同時に生起する複合事態である。2011年に発生した東日本大震災は複数の事態が同時に生起する複合事態であった。当時の自衛隊は、地震、津波、原子力発電所事故に同時に対処する必要に迫られた上、周辺諸国の情報偵察活動も続けなければならなかった。多くの日本人は知らない事実だが、当時、自衛隊が大震災対処で忙殺されている間に、その自衛隊の警戒態勢を試すかのように周辺諸国（とくに中国とロシア）が軍事偵察を活発化させた。その姿勢には強い憤りを感じたものだ。しかし、それが我が国周辺の厳しい安全保障環境であると改めて実感したことを思い出す。

筆者が恐れる「同時に生起する複合事態」の一例は2020年に開催される東京オリンピック関連である。この大会に備えてテロやサイバー攻撃への対策が議論されているが、大会直前や開催中の首都直下地震の発生及び対処は考えられているだろうか。

筆者がさらに恐れる同時複合事態は、首都直下地震（または南海トラフ大震災）の発生に連動した日本各地でのテロ活動、もしくは、尖閣諸島など日本領土の一部占領である。この最悪シナリオは、3・11の大震災の経験に基づく筆者の実感だ。紙面の都合により、本書ではすべての事態を扱うわけにはいかないため、日中紛争に関するシナリオについてのみ記述し、最後の章としたい。

1　日中紛争シナリオ

日中が激突するシナリオは何パターンも考えられるが、本書では「尖閣諸島シナリオ」「南西諸島シナリオ」の二つについて分析し、いかに対処すべきかを考えてみたい。

各シナリオ共通の事態

いかなる日中紛争シナリオにおいても、非戦闘員ないしは特殊作戦部隊による破壊活動は必ず発生すると覚悟すべきであろう。平時から中国軍や政府機関の工作員、そのシンパで日本で生活する中国人、中国人観光客が、沖縄をはじめとする在日米軍基地や自衛隊基地の周辺に入っていると想定すべきである。彼らの目標はまず重要インフラの破壊、さらにハードルは高いが在日米軍や自衛隊の基地、レーダーサイト、港湾に停泊する米海軍や海上自衛隊の艦艇及びC4ISR施設、空港に駐機中の航空機、滑走路を破壊する点にある。

とくに南西諸島で想定される紛争においては、中国軍の特殊作戦部隊が空（ヘリコプターを用いて敵地へ部隊を派兵する「ヘリボーン作戦」。小規模な空挺降下も考えられる）または海から侵入し、破壊活動や重要目標奪取に従事するとともに、ミサイルや航空機の火力発揮を容易にするためのセンサーの役割を果たすことになろう。

中国軍は、こうした破壊活動に先行してサイバー攻撃、米国や日本の人工衛星に対する機能妨害などの作戦も開始するであろう。つまり、紛争開始前後に五つのドメインすべてで中国軍の先制攻撃が実施されると覚悟すべきである。

中国の準軍事組織による「尖閣諸島奪取作戦」

尖閣諸島は、日本の固有の領土であり、日本が実効支配している。しかし、中国は1970年代に突然「尖閣諸島は中国固有の領土だ」と主張し始め、最近は中国の海警局の船が頻繁に尖閣諸島周辺の日本領海を侵犯している。このため我が国は、海上保安庁を主体に中国の違法行動に対処しているが、日中の活動がエスカレートし、尖閣諸島をめぐるさらに厳しい紛争に発展していく可能性はある。問題は中国の不安定な国内情勢にある。中国経済がL字型（さらに厳しいh字型の可能性もある）の停滞期に入り、国民の不満が高まっている。さらに2016年7月、常設仲裁裁判所が南シナ海の領有権をめぐる中国の主張を完全否定したが、この裁定を受けて中国国内が非常に好戦的な状況になっている。このような状況下では、中国が尖閣諸島を占領するシナリオが考えられる。最も蓋然性が高い作戦は、軍隊を直接使用しない「準軍事組織による作戦（POSOW）」である。

中国は常套作戦としてPOSOWを遂行し、米国の決定的な介入を避けながら、目的を達成しようと考える。[64] 準軍事組織による作戦の特徴は、①軍事組織である中国軍の直接攻撃はないが、中国軍は準軍事組織の背後に存在し、いつでも加勢できる状態にある。②非軍事組織または準軍事組織が作戦を実行する。例えば軍事訓練を受け、ある程度の武装をした漁民（海上民兵）と漁船、海警局の監視船などの準軍事組織が作戦を実施するのである。この準軍事組織による作戦は、南シナ海——ベトナム、フィリピン、インドネシアに対して多用され、確実に成果を上げている作戦である。

尖閣諸島をPOSOWによって奪取しようとする場合、①200隻を超える漁船を尖閣諸島周辺に動員する。漁船には軍事訓練を受けた海上民兵が乗船している。1隻に20〜30人が乗船していると仮定すると、200隻だと4000〜6000人となる。海上保安庁の監視船のみでこれに対応することが困難なのは、2014年に小笠原諸島周辺に集結した、２００隻以上の赤サンゴ密漁中国漁船への対応を見ても明らかだ。②中国の海警局の監視船が漁船の活動を容易にするために介入してくる。海上保安庁の監視船と中国の監視船のにらみ合いが続く。③その隙をついて、漁船に乗船していた海上民兵が尖閣諸島に上陸し占領する。この間、中国海軍の艦艇は領海外から事態を見守る――以上が蓋然性の高い「準軍事組織による尖閣諸島奪取作戦」のシナリオである。

以上の推移で明らかなように、この作戦には軍事組織である中国海軍艦艇が直接的には参加しない。日本側から判断してこの事態は有事ではなく、平時における事態（日本政府の言うところのグレーゾーン事態）であり、海上自衛隊は手出しができない。尖閣諸島に上陸した漁民を装った海上民兵を排除するためには大量の警察官などの派遣が必要となる。法的根拠なく自衛官を派遣することはできないからである。

中国の準軍事組織による作戦は、日米に対してきわめて効果的な作戦となるだろう。なんといっても日本の法的不備をついた作戦であり、自衛隊は手出しができない。

一方、米国にとっても準軍事組織による作戦に対して米軍が対応することはできない。つまり、こうしたケースの場合は米軍の助けを期待することができないため、これらの事

64 Mohan Malik, "America and China's Dangerous Game of Geopolitical Poker"

態の対処は当事国の日本が単独であたらなければならない。

グレーゾーン事態に対処する二つの方策

尖閣問題については、平時からグレーゾーン事態まで一義的に海上保安庁や警察が対処するが、更に事態が悪化し海上保安庁や警察の能力を超える場合には、自衛隊法第82条に基づき海上警備行動が発令される可能性はある。だが、その場合でも派遣された自衛隊の武器使用は「正当防衛及び緊急避難」の場合を除いて許されていない。

離島に不法に上陸した多数の者を排除するのは警察や海上保安庁の役割だが、その能力を超えることもあるだろう。その時にどうするのか。治安出動を発令して自衛隊を派遣したとする。ところが、その場合でもやはり「正当防衛及び緊急避難」に基づく武器使用しかできないのだ。この問題は2015年の平和安全法制の審議でも問題になったが、結局は法的処置を講じることなしに、運用の改善で対処することになってしまった。

前述のグレーゾーン事態に有効に対処する方策は二つある。海上保安庁の能力と権限（とくに武器使用権限）の強化である。中国の海警局の船が巨大化・武装化している。海軍の艦艇を海警局の公船に転用するケースもあり、これはまさに海警局の海軍化の動きである。これに対抗するためには海上保安庁の能力・権限の強化が有力な一案となる。

海上保安庁は、現在、40ミリ機関砲を装備する高速高機能大型巡視船を保有し、テロや特殊部隊に対応する特殊警備隊（ＳＳＴ）を持っているが、さらに強力な武器を保有し、特殊警備隊の数も増やし、武器使用基準を拡大する案である。海上保安庁の自衛隊化と言えなくもない。

もう一つの方策は、自衛隊に領海や離島での領域警備任務を付与する「領域警備法」を導入し、自衛隊出動の法的根拠を与えることである。しかし、領域警備法には自らの権限の縮小を懸念する海上保安庁や警察が反対する可能性もある一方、政治家の中にも自衛隊の権限の強化に反対するグループが存在し、領域警備法の成立には特段の努力が必要である。それでも、尖閣諸島をめぐる法的不備の是正は喫緊の問題と考える。

2 尖閣諸島「日中の軍事衝突シナリオ」

とくに中国戦闘機による無謀で異常な接近により戦闘機同士の衝突が発生、それが両国の軍事衝突に発展する可能性はある。両国の政治指導者の意図とは関係なく偶発事故は生起する可能性があり、中国のナショナリズムの高まりが日中戦争に発展することになる。

中国軍は、過去に尖閣諸島周辺で戦闘機の異常な接近（30ｍ程度）のような挑発行為を繰り返しており、中国軍艦艇による海自護衛艦に対する射撃管制用レーザー照射などの挑発行為も行っている。

このシナリオにおける中国軍の狙いは、米軍を巻き込まず、あくまでも日中の限定紛争に仕立て上げることにある。そのため、嘉手納基地ほか、在日米軍基地に対する攻撃をしない。また、尖閣諸島での航空戦を有利に遂行するには、南西諸島に配置されている航空自衛隊のレーダーサイト（宮古島、久米島、与座岳、沖永良部島）へのミサイル攻撃や航空攻撃による破壊が常套手段だが、これが実行されると米軍も巻き込んで「日米対中国」のシナリオになる可能性がある。したがって「レーダーサイトへの攻撃はない」という前提になる（ただし、中国の工作員によるレーダーサイトの破壊活動は考慮すべきであろう）。

尖閣周辺では航空優勢及び海上優勢を確保するための戦いが展開される。重要なのは水中優勢である。自衛隊の戦力で筆者が最も活躍を期待するのは海上自衛隊の潜水艦だからだ。対潜戦能力に劣る中国の水上艦艇や潜水艦にとって、海上自衛隊の潜水艦は大きな脅威となる。中国海軍が尖閣諸島周辺で自由に活動することはおそらく難しいであろう。

さらに言えば、尖閣諸島上空での空の戦いにおいても中国軍が圧倒的に優勢という状況にはならないだろう。図表㉟（185ページ）に基づくと、中国軍は第3世代戦闘機J－8約100機を保有しているが、第4世代航空機については戦闘機がJ－10約190機、S u－27とJ－11が約260機、戦闘爆撃機がSu－30MKKとJ－16の約70機である。一方、航空自衛隊の第4世代戦闘機はF－15Jが約200機、支援戦闘機F－2が約90機である。さらに航空自衛隊は第5世代機F－35Aを42機導入予定で、2016年度以降装備化される予定である。単純に双方が保有する第4世代機のみを考慮に入れると、航空自衛隊対中国軍290対520（1：1・8）で中国側が数的には優勢であり、中国軍の波状攻撃が予想される。しかし、尖閣上空の航空機の戦いは数だけでは決まらない。航空自衛隊の勝ち目は米空軍と同じ装備品で共同訓練を実施し、世界最先端の戦い方を学んでいる点である。

そこで図表(59)(60)をご覧いただきたい。空での戦いは航空戦力のトータルな能力が勝敗を決する。島に配置されている警戒管制レーダーサイト、E－2C早期警戒機（AEW）、E－767早期警戒管制機（AWACS）による早期警戒能力と管制能力は中国軍の空中指揮統制機の空警2000（KJ－2000）、空警200（KJ－200）よりも優れている。また、近代化改修されたF－15J改のレーダーAESA、国産の高性能ミサイルAAM－4、個々のパイロットの技量の高さ、空中給油能力などをすべて組み合わせた総合戦闘能力で航空自衛隊には分があると筆者は評価する。あとは中国軍の数を背景にした消耗戦に対する航空自衛隊の継戦能力であり、その場合は、とくにミサイルの保有量が重要となる。

図表㊾　航空作戦の一例

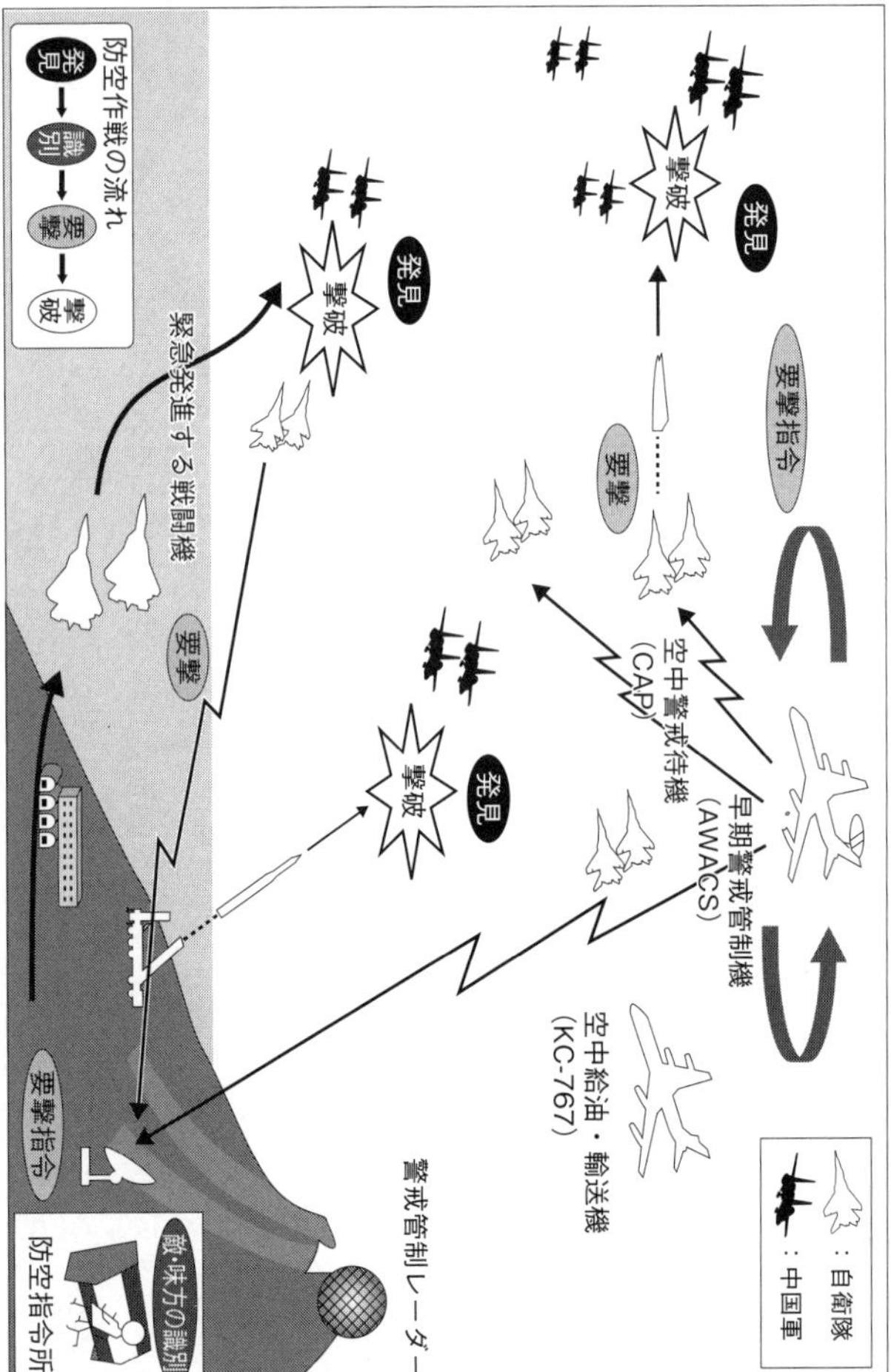

出典：防衛白書平成25年版

図表⑥⓪　海での作戦の一例

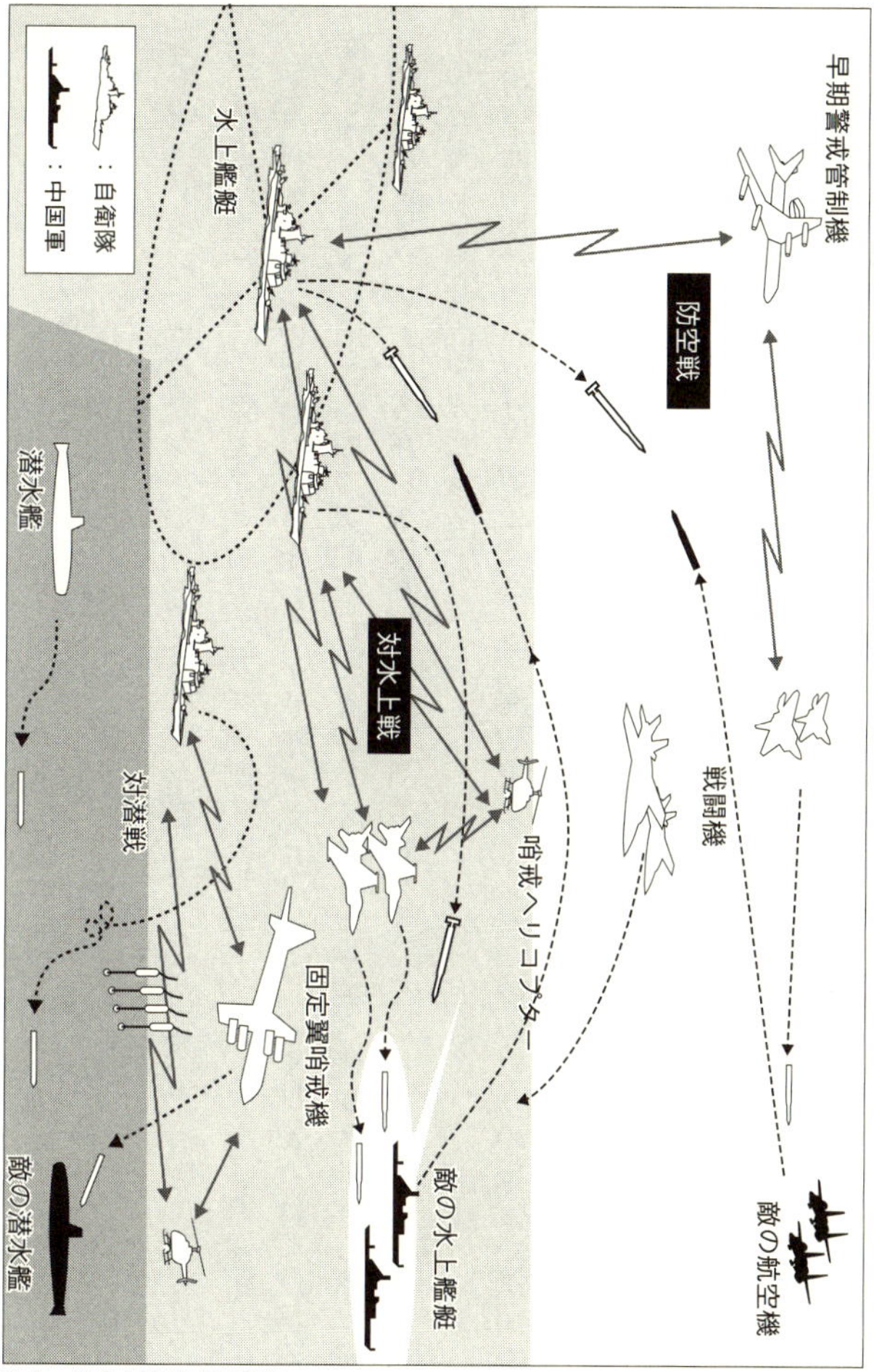

出典：防衛白書平成25年版

3 「南西諸島紛争」二つの可能性

南西諸島紛争のシナリオについては、「台湾紛争連動型」と「単独型」が考えられる。「台湾紛争連動型」は、文字どおり台湾紛争に連動する形で（台湾への出撃基地となる）沖縄の在日米軍基地・自衛隊基地を攻撃するシナリオである。一方、「単独型」は、台湾紛争には関係なく、日本の南西諸島の奪取を目的とするケースを指す。両シナリオともに沖縄の嘉手納基地をはじめとする在日米軍基地が攻撃対象となるため、日米安保条約第5条の対象——つまり日米共同対処になる。

台湾紛争連動型については、第4章の「台湾紛争シナリオ」のかなりの部分が適用できるが、中国軍にとっては戦場（沖縄など）までの距離が延び、より難しい戦いになる。

中国軍は、米軍との長期戦は避け、短期間の激烈な戦争によって目的を達成しようとするはずだ。なお、中国軍は、南西諸島全体（沖縄本島含む）を奪取するシナリオに基づく演習を実施したことがある。

南西諸島全体を対象とする短期激烈戦争は、沖縄の在日米軍基地を含むため、日中戦争の枠組みを超えて日米対中国の戦争に拡大する。第1列島線の一部である南西諸島をめぐる攻防戦は日本防衛の戦いであるが、米軍の作戦は、第3章で記述したCSBAやトシ・ヨシハラのJAM-GC（エア・シー・バトルの新しい呼び方。正式名称は「国際公共財への接近及び機動のための統合構想」）に改善を加えた様相になるであろう。

南西諸島作戦は日米の統合共同作戦に

繰り返すが、南西諸島の防衛は日米共同作戦となる。第1列島線（南西諸島）を自衛隊、とくに陸上自衛隊が確保し、中国軍の第1列島線以東への接近を阻止することが米国のJAM-GCにとっても不可欠な要素となる。自衛隊の戦力を加味すれば米軍の作戦であるJAM-GCの成功の可能性が高まり、米軍がJAM-GCを遂行することで自衛隊による南西諸島の防衛が成立する構図である。陸海空の統合作戦は現代戦においては常識であり、同時に日米共同作戦になる。つまり南西諸島の作戦は、日米の統合共同作戦になる確率がきわめて高く、中国軍にとっては厳しい戦いにならざるを得ない。

現在、陸上自衛隊は南西諸島の防衛に焦点を当て、与那国島、石垣島、宮古島、奄美大島に部隊を配置しようとしている。この方針は適切であり、各島を陸上自衛隊が保持する態勢の構築が、日本の防衛に直結するのみならず、米軍のJAM-GCの成功にとっての前提条件になる。

南西諸島防衛は日米共同の「対中A2／AD」である

戦術の原則から考えるならば、A2／ADは、新しい考えでも中国独自の発明でもない。単純に表現すれば「敵を努めて遠くに阻止する」という意味だ。米海軍大学のトシ・ヨシハラ教授が主張するように、我が国が中国に対し「日本版のA2／AD戦略」を結果的に採用することは、米国側から見て非常に好ましい案である。ただし、ここで注意しなければいけないのは、米国側にとっては「対中A2／AD」であったとしても、我が国にとっては日本の防衛そのものである点である。構図的には米国のJAM-GCの構想の中に我が国の南西防衛が組み込まれることになる。元自衛官である筆者にとって心情的には抵抗もあるが、日米が協力して中国に対抗していくことは必然と言えよう。

南西諸島の戦闘様相

中国は、あらかじめ潜入させている工作員などを活用し、紛争開始前後に沖縄をはじめとして日本のいたるところで破壊活動を実施、日本は混沌とした状況になる。五つのドメインすべてにおいて中国軍の先制攻撃が行われる。我が国はこの先制攻撃に耐えなければいけない。弾道ミサイルや巡航ミサイルによるレーダーサイト・航空基地・海上基地に対する攻撃、サイバー戦、電子戦、宇宙戦による先制攻撃を覚悟すべきだ。中国軍の先制攻撃に耐え、部隊及び基地の被害局限を図ることが最も重要となる。

航空自衛隊は航空優勢を、海上自衛隊は海上優勢をかけた作戦を展開するが、戦争の終始を通じて最も期待される戦力は、こちらも尖閣シナリオと同様、海上自衛隊と米海軍の潜水艦であろう。作戦海域（とくに第1列島線内の東シナ海や南シナ海など）に展開し、中国海軍の潜水艦や水上艦艇を撃破する任務に従事する。これに加えて、海上自衛隊や米海軍のイージス艦は、地上の防空部隊とともに前方基地のミサイル防衛にあたる。

陸上自衛隊は、機動容易な地対艦ミサイルである88式地対艦誘導弾（88SSM）及び12式地対艦誘導弾（12SSM）を南西諸島に展開し、洋上の敵艦艇の撃破を図る。さらにSSMと対空ミサイルを装備した陸上戦力が海空戦力と連携、チョーク・ポイント（戦略的に重要となる海上水路）を制する作戦を実施し、中国の艦艇・航空機の撃破を図る。陸自のSSMの脅威を排除しようとするならば、中国軍は幅数百kmにわたる地理的正面に対応する必要がある。

中国軍の大型の水陸両用舟艇は、自衛隊の潜水艦部隊の絶好のターゲットとなり、これを使用した上陸作戦を実施するにはかなりの決意が必要となるだろう。また、中国のヘリボーン攻撃も考えられるが、完全な航空優勢と海上優勢、そして何よりも水中優勢を確保

図表⑥1　日米共同の南西諸島の防衛作戦

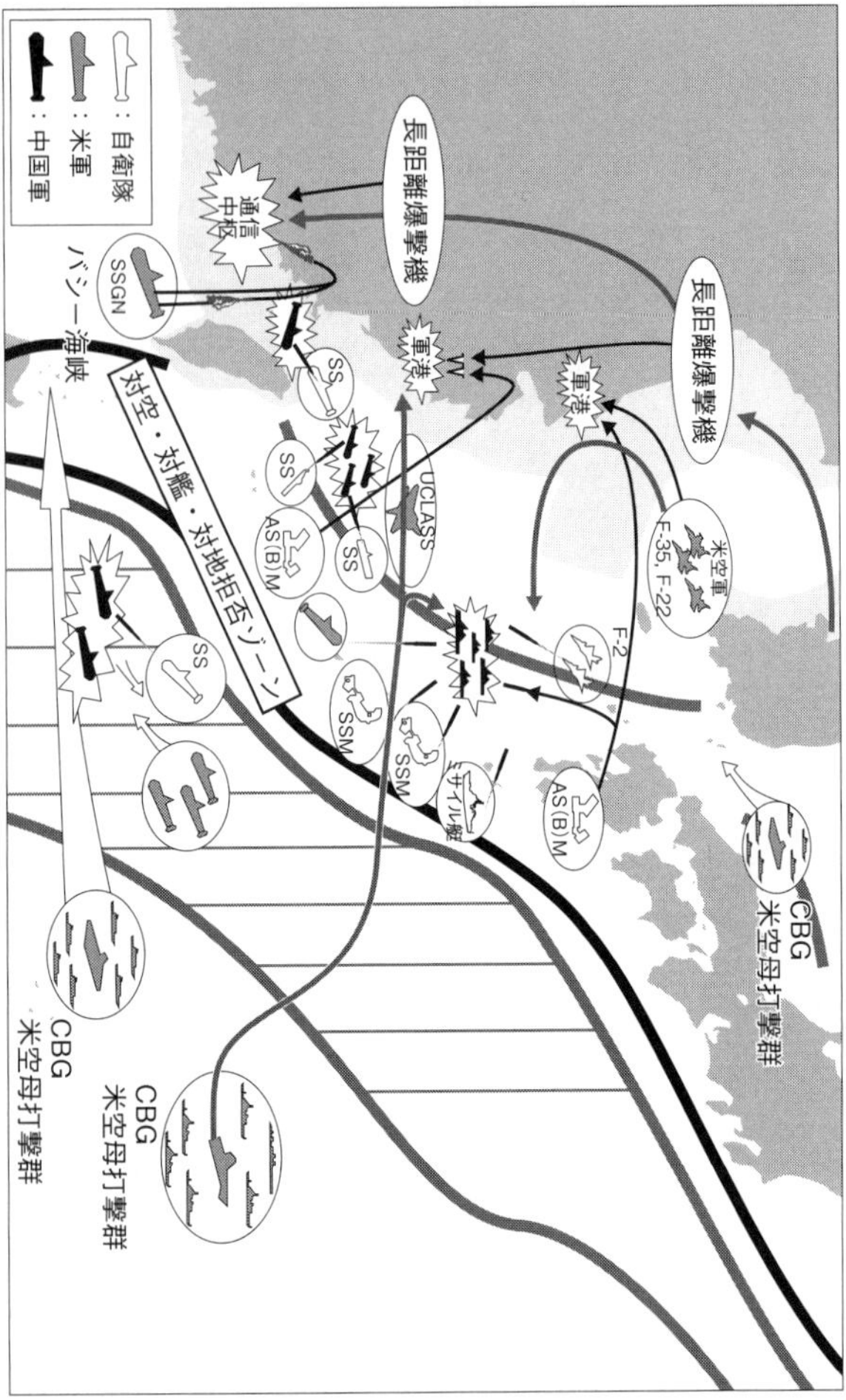

出典：Mochida

しないかぎり困難である。つまり、中国軍の着上陸作戦は日米共同対処によりかなりの損害を覚悟せざるをえないであろう。

一方で米軍は、中国軍のC4Iネットワークを攻撃（盲目化）し、C4Iの優越の獲得を目指す。作戦は宇宙・サイバー空間及び水中を含むすべてのドメインで遂行され、地上施設への精密爆撃やサイバー作戦、電子戦、さらには水中通信網の破壊などにより敵の宇宙監視システム、衛星破壊システム、OTHレーダー及び情報通信網などを無力化する。

こうした「盲目化作戦」の成果を得て、米軍の空母や空軍の航空機が攻勢作戦に参加する。あらゆる領域において主導権（制海権、制空権、サイバー空間の優勢、宇宙の優勢など）を奪回・維持する作戦を実行する。

4 「日米連合軍」の勝利の分かれ目

自衛隊と米軍の相乗効果

第1列島線の重要部分を形成する南西諸島周辺の地形は、中国軍に対し、地形上の優位性を保持している。より具体的に言えば、南西諸島は日本の九州から台湾にわたる列島線を構成し、黄海及び東シナ海から太平洋の外洋に至る重要なSLOC（海上交通路）に沿っている。つまり中国海軍は、第1列島線を越えるために、南西諸島の狭い海峡を通過しなければならないのである。

逆に言えば、これら諸島の戦略的地形は中国に対する防衛作戦を成功させる機会を日本に提供している。列島沿いに対中国A2／ADの部隊を配備することで、日本は中国の水上部隊、潜水艦、空軍が太平洋側に進出する重要な出口を押さえることが可能となる。

第1列島線内に中国軍を閉じ込めておくことで、戦域内に進出する米国の増援部隊はより安全な接近が可能となり、米海軍及び空軍力の戦闘地域へのより急速な展開ができる。日本が中国海上戦力の接近を阻止すればするほど、米国は攻勢作戦に没頭できる。このような作業分担は同盟の結束を強化する。

日米が保持する水中優勢

作戦における航空優勢・海上優勢の達成は当然だが、水中優勢の重要性に関する日米の認識は一致している。海上自衛隊及び米海軍の潜水艦戦力は、中国海軍の潜水艦戦力を圧倒し、かつ中国軍の対潜水艦戦（ＡＳＷ）能力は低く、日米の水中優勢は圧倒的である。

米軍の圧倒的な潜水艦戦力は中国軍にとって大きな脅威だが、さらに海上自衛隊は潜水艦を16隻から22隻に増加させる決定を行った。この海上自衛隊の潜水艦は静粛性に優れ、有事の際に南西諸島に沿ったチョーク・ポイントを通過しようとする中国海軍に脅威を与えるなど、非常に重要な戦力である。

日米の機雷戦

日本はすでに、南西諸島沿いに太平洋に出ようとする中国の水上戦闘艦及び潜水艦に脅威を与える高性能の機雷を多数保有している。日本の洗練された機雷は、狭い海峡を通り抜けようとする艦艇・潜水艦を目標として製造されている。適切に敷設された機雷原は、第1列島線を越えて東方へ向かう中国艦艇の行動を遮断する。機雷は大量生産が比較的簡単で、高価な艦艇よりはるかに安価である。

対潜戦と同じく、中国海軍は対機雷戦にも弱く、この弱点を衝くべきである。交戦時において日本の機雷の脅威を排除することは、中国にとってきわめて困難をともなう。中国の掃海艦艇及びその護衛部隊は、南西諸島まで到達するためには、数百㎞の戦闘水域・空域を横断しなければならない。中国軍が東シナ海全域で制海権と航空優勢を手に入れないかぎり（日本領域近くでは両方とも難しいミッションだが）、中国が効果的に機雷を無力化することはきわめて困難である。

5　我が国が今やるべきこと

未曾有の困難な時期にある日本において、予想される事態に対して真剣に備えることが大切である。東日本大震災の損害は甚大であった。2011年の大震災から5年半が経過したが、そのダメージから完全には立ち直っていない。しかし、首都直下地震や南海トラフ大震災は高い確率で生起するし、これらの大震災に伴う損害は東日本の損害をはるかに凌ぐ大きなものとなるであろう。覚悟して備えなければいけない。

大震災の発生は防ぎようがないが、日中戦争や日米対中国の戦争は我々の努力で防ぐことができる。その手段は何か。左翼勢力のように「平和、平和」と唱えていれば平和が達成されるという考えは大きな間違いである。戦争を抑止するためには日本が強い存在であることが大前提となる。戦争の抑止は力の均衡が必須の条件である。中国にしてもロシアにしても北朝鮮にしても強烈な力の信奉者である。彼らは力を背景としてきわめて挑発的に自らの意思を他国に強制しようとする。とくに中国は世界第2位の経済力を背景として軍事大国、アジアにおける覇権大国となりつつある。この強大化する中国に対処するためには、まず日本の自助努力が欠かせない。日本の防衛は可能なかぎり自助努力によって自らを守る態勢を構築しなければならない。我が国のみでは対処できない部分（例えば核抑止）は日米同盟により中国の脅威に対処することになる。さらに日米同盟を中核としてアジアの友好国との連立（Coalition）を組み、中国に対処することが最善であろう。

以下、日本の自助努力として重視すべき事項を提案する。

手足を縛りすぎる自己規制はやめにしよう

習近平主席の軍改革の目的は「戦って勝つ」軍隊の創設だった。戦う相手は日本であり、勝つ相手も日本である。戦って勝つためには手段を選ばない超限戦を実行する。超限戦では国際法も民主主義国家の倫理も無視する。こういう手強い相手が中国であることをまずは認識すべきである。

これに対して、日本の安全保障のキャッチフレーズは「専守防衛」だ。防衛白書によると、「専守防衛とは、相手から武力攻撃を受けたときにはじめて防衛力を行使し、その態様も自衛のための必要最小限にとどめ、また、保持する防衛力も自衛のための必要最小限のものに限るなど、憲法の精神に則った受動的な防衛戦略の姿勢をいう」。この日本の受動的な防衛戦略の姿勢と中国の「戦って勝つ」姿勢のギャップはあまりにも大きい。専守防衛を対外的なPRとして発信する弊害もまた、あまりにも大きい。「相手から武力攻撃を受けたときにはじめて防衛力を行使し」という表現のみであればまだ理解できる。しかし、「その態様も自衛のための必要最小限にとどめ、また、保持する防衛力も自衛のための必要最小限のものに限るなど」とまで言う必要はない。専守防衛という言葉をあくまでも使いたければ、「専守防衛とは、相手から武力攻撃を受けたときにはじめて防衛力を行使するという、憲法の精神に則った受動的な防衛戦略の姿勢をいう」で済む話なのだ。

手足を縛りすぎた、この専守防衛というキャッチフレーズのために、国際的なスタンダードの安全保障論議がいかに阻害されてきたことか。集団的自衛権の議論、他国に脅威を与えない自衛力という議論、長距離攻撃能力（策源地攻撃能力）に関する議論、宇宙の軍事利用に関する議論など、枚挙にいとまがない。例えば、「他国に脅威を与えない自衛力」にこだわれば抑止戦略は成立しない。他国に脅威を与える軍事力があればこそ、他国の侵略が抑止できるのである。長距離攻撃能力の議論で、中国は、自由に日本の空港、港湾、大都市までも攻撃する能力と意思を持っている。しかし、我が国は、中国が先制攻撃してきた場合でも、中国本土の航空基地やＣ４ＩＳＲの施設を破壊する能力を持っていない。日本に対する中国の軍事的対応はこの点だけを考慮しても有利である。あまりにも過度な、自らの手足を縛る自己規制はやめるべき時に来ている。

統合作戦能力を高める

２００６年に陸海空自衛隊の作戦を統合幕僚長が統一的に運用する「統合運用」が開始されてから２０１６年で11年目になるが、米国の安全保障の専門家と議論すると、しばしば「さらなる自衛隊の統合運用の必要性」を指摘される。

彼らの主張は適切である。筆者は、２０１３年に自衛隊を退職する直前に、首都直下地震と南海トラフ大震災を想定した統合演習において統合任務部隊指揮官のポストに二度就いた。その時の感慨は、「やっと大規模災害派遣での統合運用の試みが始まった。弾が飛んでこない平時の災害派遣であれば、ある程度の統合運用が可能だ。だが、有事における統合運用のためには特段の努力が必要だ」というものであった。有事の際の統合運用能力の向上のためには、まず常設の統合指揮組織が必要だ。米軍には太平洋軍のように常設の統合指揮組織がある。日々の勤務の中で統合運用が常態化するためには、統合指揮組織は不可欠なのである。

また、日本防衛のための統合作戦構想も必要である。米軍のＪＡＭ‐ＧＣが統合作戦構想の一例であり、陸海空部隊を統合運用するためには、その根拠となる統合運用構想が不可欠である。我が国には、南西諸島の防衛における公式な統合作戦構想がない。統合作戦構想なくして、合理的に整合された防衛力整備はできないし、教育訓練も整合が取りづらい。米軍のＪＡＭ－ＧＣの試みは参考になるので、今後とも注目すべきであろう。

過度な軍事アレルギーを払拭する

第3章で米国の軍産学シンクタンクの複合体について触れたが、米国の発展を支えてきた大きな要素はＩＴ産業のイノベーション力である。そのイノベーションは実は国防省の研究に負うところが大きく、国防省の事業からスピンオフした技術が米国の強さを支えている。例えばインターネット、航空宇宙技術、人工知能（ＡＩ）、自動運転車、無人機システムなど枚挙にいとまがない。国防産業が米国経済の主柱であり成長産業である。

我が国では先の大戦の敗戦以降、軍事に関する過度のアレルギーが国民の間にもアカデミアにもあり、防衛産業の発展を阻害してきた。しかし、最近の技術は軍民共用のデュアル技術が多くなり、単純に軍事アレルギーを引きずっていては世界の技術の発展から取り残されてしまう。本書で紹介したシミュレーションでもたびたび出てきた兵器個々の性能の差は戦いの勝敗を決してしまう要素である。自衛隊の装備品を支える技術は国内の技術であるべきだ。米国をはじめとする外国製兵器を安易に購入するのは問題である。技術大国日本を支える一角が防衛産業である以上、防衛産業を過渡にタブー視する発想は改め、日本経済の成長産業として再評価すべきではないか。

中国軍の航空・ミサイル攻撃に対する強靱性を高める

我が国の防衛の最大の課題は、中国軍の航空攻撃や大量のミサイル攻撃から生き残ることである。そのためには防空能力を高めること、築城による基地・駐屯地の抗堪化、装備品の分散・隠蔽・掩蔽《えんぺい》、装備品の機動性の向上、被害を受けた際の迅速な復旧の措置による被害の回避が必要である。

防空能力については、統合の防空能力を強化すべきである。そのためには、各自衛隊の防空装備品を統一運用するためのC4ISRシステムが必要となる。さらに日米共同の防空能力の構築にも尽力すべきであろう。

将来的には、第3章で紹介した電磁レールガン、高出力レーザー兵器、高出力マイクロ波兵器の開発を加速させ、中国軍のミサイルによる飽和攻撃にも対処できる態勢を構築すべきである。とくにレールガンは、中国軍の次期主要武器——高速飛翔体や各種ミサイル——を無効化する可能性のあるゲーム・チェンジャーであり、その開発を重視すべきだ。

強靱なC4ISRを構築する

筆者が東部方面総監の時代に2年連続で統合任務部隊指揮官として首都直下地震と南海

トラフ大震災に関する統合演習を指揮したことはすでに述べた。その時に最も力を入れたのは、統幕・陸・海・空自衛隊が保有する別々の指揮統制情報システムをいかに上手く連接し、情報の共有を図り、指揮官の意図の徹底を図るかであった。理想を言えば、各自衛隊のC4ISRシステムが何の問題もなく滑らかに連接され、統合運用が円滑に実施される、そのような状態を目指すべきである。

ミサイルのキル・チェインを成立させるためにC4ISRが大切であることも繰り返し述べてきた。米軍も統合運用を深化させる過程で、異なる軍種のC4ISRシステムの連接に努めてきた。とくにグローバルに展開する武器を連接し、リアルタイム情報に基づいて迅速かつ効率的に火力打撃を実施するためには、強靱なC4ISRが不可欠である。

継戦能力を保持する

最後に強調したいのが「継戦能力」である。予想される戦いは短くても数週間、数ヵ月継続する。弾薬・ミサイル、燃料、予備部品などの備蓄は必須だ。形ばかりの防衛力整備ではなく、継戦能力の向上のために、より実際的な事業が不可欠なのだ。

おわりに

執筆直後の7月末に、ランド研究所が「中国との戦争（考えられないことを考え抜く）」［“War with China（Thinking Through the Unthinkable）”］を公表した。この論文は、米中戦争が両国、とくに中国にいかに甚大な損失をもたらすかを定量的に分析したものであり、ランドが得意とする米中戦争のシミュレーションに基づいている。「米中戦争は、両国の経済を傷つけるが、中国経済が被る損害は破滅的で長く続き、その損害は、1年間続く戦争の場合、GDPの25％から35％の減少になる。一方、米国のGDPは5％から10％の減少になる。長期かつ厳しい戦争は、中国経済を弱体化し、苦労して手に入れた経済発展を停止させ、広範囲な苦難と混乱を引き起こす」などといった興味深い指摘があり、被害の大きさを提示することにより米中戦争を抑止しようという意図がうかがえる。本書の目的も、米中戦争という最悪の事態を想定し、それに対処する態勢を日米が適切に構築することで、中国主導の戦争を抑止する点にある。

残念ながら、中国の強圧的な対外政策は継続している。7月12日には、南シナ海の領有権をめぐるフィリピンの申し立てに対する仲裁裁判所の裁定があり、その内容は南シナ海における中国の主張を完全否定するものであった。中国は裁定を「紙屑」扱いにし、完全に無視している。さらに、中国の矛先は我が国の尖閣諸島にも向けられ、8月5日以降、約200～300隻の中国漁船が尖閣諸島周辺の接続水域で操業し、最大15隻の中国公船が尖閣諸島周辺の接続水域に入り、さらに延べ36隻が日本の領海に侵入した。この事態は、第5章で紹介した「中国の準軍事組織による尖閣諸島奪取シナリオ」そのものであり、中国が何時でも尖閣諸島を奪取できることを宣言したに等しい事態であった。

また、9月25日には中国側発表で戦闘機を含む各種航空機40機余り（防衛省の発表では戦闘機2機を含む合計8機）が宮古海峡を往復する訓練飛行を実施した。この演習は、第1列島線を越えて作戦可能な航空作戦能力を誇示したものである。

いずれにせよ、日米中が関係する戦争（紛争）が実際に生起することを抑止しなければならない。平和を達成するためには戦争を知らなければならない。その意味で、本書が米中戦争・日中紛争の本質を知り、戦争を抑止する一助になればと願う次第である。

最後に、今回の執筆を応援してくれた妻をはじめとする家族、米国での私の研究を支援してくれている方々、そして最後まで本書を読んでくださった読者諸氏に感謝申し上げたい。

2016年秋　ケンブリッジにて

渡部悦和

N.D.C.390　254p　18cm
ISBN978-4-06-288400-6

講談社現代新書　2400

米《べい》中《ちゅう》戦《せん》争《そう》　そのとき日本《にほん》は

二〇一六年一一月二〇日第一刷発行

著者　渡部悦和《わたなべよしかず》　

発行者　鈴木　哲
発行所　株式会社講談社
東京都文京区音羽二丁目一二―二一　郵便番号一一二―八〇〇一
電話　〇三―五三九五―三五二一　編集（現代新書）
〇三―五三九五―四四一五　販売
〇三―五三九五―三六一五　業務
装幀者　中島英樹
本文データ作成　朝日メディアインターナショナル
印刷所　慶昌堂印刷株式会社
製本所　株式会社大進堂
定価はカバーに表示してあります　Printed in Japan

「講談社現代新書」の刊行にあたって

教養は万人が身をもって養い創造すべきものであって、一部の専門家の占有物として、ただ一方的に人々の手もとに配布され伝達されうるものではありません。

しかし、不幸にしてわが国の現状では、教養の重要な養いとなるべき書物は、ほとんど講壇からの天下りや単なる解説に終始し、知識技術を真剣に希求する青少年・学生・一般民衆の根本的な疑問や興味は、けっして十分に答えられ、解きほぐされ、手引きされることがありません。万人の内奥から発した真正の教養への芽ばえが、こうして放置され、むなしく滅びさる運命にゆだねられているのです。

このことは、中・高校だけで教育をおわる人々の成長をはばんでいるだけでなく、大学に進んだり、インテリと目されたりする人々の精神力の健康さえもむしばみ、わが国の文化の実質をまことに脆弱なものにしています。単なる博識以上の根強い思索力・判断力、および確かな技術にささえられた教養を必要とする日本の将来にとって、これは真剣に憂慮されなければならない事態であるといわなければなりません。

わたしたちの「講談社現代新書」は、この事態の克服を意図して計画されたものです。これによってわたしたちは、講壇からの天下りでもなく、単なる解説書でもない、もっぱら万人の魂に生ずる初発的かつ根本的な問題をとらえ、掘り起こし、手引きし、しかも最新の知識への展望を万人に確立させる書物を、新しく世の中に送り出したいと念願しています。

わたしたちは、創業以来民衆を対象とする啓蒙の仕事に専心してきた講談社にとって、これこそもっともふさわしい課題であり、伝統ある出版社としての義務でもあると考えているのです。

一九六四年四月　野間省一